ORIGINE DE L'HOMME

D'APRÈS LES LOIS DE L'ÉVOLUTION NATURELLE

PAR

P. VERNIAL

DOCTEUR EN MÉDECINE

MEMBRE DE LA SOCIÉTÉ D'ANTHROPOLOGIE DE PARIS

« Mieux vaut être un singe perfectionné qu'un Adam dégénéré. »
(CLAPARÈDE.)

« Le grand mystère de l'existence consiste dans une métamorphose ininterrompue. »
(L. BUCHNER.)

PARIS

LIBRAIRIE GERMER BAILLIÈRE ET Cie

108, BOULEVARD SAINT-GERMAIN, 108

AU COIN DE LA RUE HAUTEFEUILLE

1881

ORIGINE DE L'HOMME

COULOMMIERS. — TYPOGRAPHIE PAUL BRODARD.

PRÉLIMINAIRES

En écrivant ces quelques pages, je n'ai jamais eu l'intention d'exposer des théories nouvelles; je n'ai eu d'autre but que celui de réunir, sous une forme concise et aussi simplifiée que possible, tous les éléments nécessaires pour juger cette intéressante question : l'*origine de l'homme*.

Toute étude sur ce sujet, faite avec impartialité et uniquement d'après les données scientifiques, conduira toujours à cette conclusion : C'est qu'entre l'homme et les autres animaux il n'y a pas de différences absolues; qu'au point de vue de la constitution physique et des facultés morales il n'y a que des degrés, des nuances plus ou moins sensibles dans la perfection des organes et des fonctions; que, si le protoplasma informe et la monère sont la première manifestation de la vie, l'homme en est l'expression la plus élevée. L'homme ne descend pas plus du singe que de la monère ou de l'amibe; il est l'un et l'autre modifié, perfectionné. Le singe anthropoïde représente une des dernières phases par laquelle l'élément vital soit passé avant de prendre la forme humaine, tandis que la monère en est une des premières. Au temps où la monère est apparue pour la première fois, où la matière s'est organisée sous la forme monère, alors que cet animal était seul sur la terre comme représentant la vie, il était, à ce moment, la plus haute conception des êtres vivants; puis ceux-ci se sont multipliés, leurs formes se sont progressivement modifiées et sont devenues, en dernier lieu, des espèces humaines. L'organisme humain n'est que la résultante des modifications, des changements continuels qui se sont opérés et s'opèrent journellement dans tout ce qui vit sur terre.

Entre l'ébauche vitale, le protoplasma, et l'œuvre parfaite, l'homme, la différence est grande, il est vrai; mais entre les deux est toute une série de formes de transition qui montrent la graduation, la marche évolutive et progressive de l'organisme, et enlève toute trace de démarcation absolue entre les espèces.

On a dit que la théorie du transformisme n'est pas vraie, parce que l'espèce est une unité immuable, invariable, qu'elle ne peut se modifier, parce que, si l'on fait accoupler un individu d'une espèce avec un individu d'une espèce différente, on n'obtient pas une nouvelle espèce : il y a infécondité, ou bien que les produits qui en résultent sont inféconds, ce sont des hybrides. Mais ceci ne constitue pas un argument. Ce n'est pas le produit du croisement entre elles d'espèces différentes qui devient une espèce nouvelle. Celle-ci ne se forme que par une variété accidentelle, produite chez un individu, transmise héréditairement et devenue fixe. Cette variété, résultat en général d'une accommodation nouvelle, s'accentuant par le temps et par l'effet de la sélection naturelle, constituera un nouveau type invariable pendant un laps de temps indéfini, jusqu'à ce qu'une nouvelle variation se soit produite à son tour dans ce nouveau type. L'espèce-mère, qui a produit ces êtres nouveaux, continue à vivre avec ses caractères primordiaux, tout en ayant donné naissance à des espèces nouvelles, lesquelles, lorsque des variations successives se seront accumulées pendant de longues périodes géologiques, seront assez éloignées de leur origine première pour qu'il n'y ait plus de fécondité entre elles et la souche-mère.

Supposons qu'à un moment donné les poissons représentent sur la terre l'organisation la plus élevée, chose qui d'ailleurs a existé jusqu'à l'époque de la fin du terrain secondaire. Si, par suite de circonstances spéciales, dues à des changements géologiques et climatologiques, ce poisson se trouve fréquemment abandonné hors de l'eau, qu'il soit obligé de rester de plus en plus longtemps sur la terre ferme, s'il n'y a pas en lui d'organes propres à se transformer pour la respiration aérienne, il sera infailliblement condamné à une destruction certaine. Mais sa vessie natatoire contient de l'air atmosphérique et est en communication et en échange constant avec lui ; les vaisseaux sanguins qui viennent nourrir les parois de la vessie se trouvent donc en contact avec l'air, et le sang peut en absorber par endosmose. C'est là, en somme, une respiration toute locale et accidentelle. Mais, celle-ci se répétant fréquemment, par suite du séjour de l'animal dans l'air, la nouvelle fonction de la vessie natatoire devient plus importante et se modifie dans ce sens déterminé. Ce changement de fonction entraînera le changement de l'organe : sur la vessie se multiplieront les vaisseaux ; par suite, les phénomènes d'endosmose et d'exosmose gazeux permettront au sang une hématose plus complète, et l'on aura dès lors un poumon rudimentaire. Les fonctions des branchies, devenues inutiles, diminuant en proportion inverse, celles-ci s'atrophieront. De plus, ce poisson, restant longtemps sur une terre ferme, a besoin, pour sa locomotion, d'organes résistants ; ses nageoires prendront de la solidité ; de cartilagineuses, elles deviendront osseuses et s'adapteront, finalement, à ce nouveau mode de vie, en devenant des pattes. L'animal se sera ainsi transformé de poisson en amphibie, puis en reptile. Ce changement ne peut pas se faire évidemment tout entier sur un seul individu; il faut de longs temps géologiques pour produire cette transformation complète. Sur une première génération, vivant dans ces nouvelles conditions de respiration aérienne, il y aura seulement un peu d'hyperémie de la vessie natatoire; l'acclimatement ne se fera qu'insensiblement. Les espèces qui, ayant subi cette transformation, sont devenues les plus aptes à vivre dans ce nouveau milieu, sont également les seules qui ont des chances de se perpétuer. Et les nouvelles fonctions acquises se transmettront héréditairement à leurs descendants, qui les augmenteront. Voilà donc non plus une espèce, mais une classe qui aura donné naissance à une classe nouvelle. C'est le poisson lui-même qui est devenu reptile : on ne doit donc pas dire que le reptile descend du poisson, on doit dire que le reptile est un poisson transformé. De même également, on ne doit pas dire que l'homme descend du singe, on doit dire qu'il est le mammifère le plus avancé en évolution; qu'il a été lui-même ces espèces primitives avant d'avoir acquis la forme qu'il a actuellement.

Ainsi donc, une espèce nouvelle se produit non pas par le croisement entre elles de deux espèces différentes, mais par la variation de cette même espèce dans un sens déterminé. Et, tout en donnant naissance à cette variété, qui deviendra plus tard race et espèce, l'espèce-mère conserve souvent des types de sa forme primordiale, qui n'ont pas subi cette variation.

L'infécondité, d'ailleurs, entre espèces différentes, n'existe que lorsque les espèces que l'on fait croiser entre elles sont très éloignées l'une de l'autre dans la série zoologique; qu'il existe entre elles une longue suite de types intermédiaires. Ainsi, le bouc et la brebis s'accouplent très facilement, et il résulte de cette union des produits qui sont tout à fait féconds entre eux et qui sont très cultivés au Chili sous le nom de chabin. Les métis du bison américain et de la vache européenne sont féconds entre eux; toutefois, ceux du taureau avec la vache bisonne sont peu féconds entre eux; mais, si on les croise avec une des espèces-mères, on obtient un métis quart de sang, qui constitue une espèce mixte, fixe, très féconde et qui peut se reproduire indéfiniment avec tous ses caractères. La louve et le chien, le renard et la chienne, le chacal et la chienne, le bouquetin et la chèvre, le lama et l'alpaca, la vigogne et l'alpaca, donnent des produits indéfiniment féconds entre eux. M. Roux (d'Angoulême) a fait des expériences sur le croisement entre le lièvre mâle et le lapin femelle; les métis sont féconds entre eux; ces expériences durent depuis 1850, et l'on n'a pas observé la moindre diminution dans les facultés reproductives; ils possèdent tous les caractères d'une espèce constante, déterminés, et qui reproduisent indéfiniment; ils constituent donc une nouvelle espèce zoologique.

En revanche, dans ce groupement artificiel qu'on désigne sous le nom d'espèces, si l'on fait croiser ensemble les individus des races extrêmes d'une même espèce, la fécondité diminue, ou même disparaît. Ainsi, le dogue africain sans poils est infécond avec le bichon bolonais; le chat importé au Paraguay ne reproduit pas avec le chat européen. On ne peut nier, cependant, que ces individus appartiennent à la même espèce, dans le sens zoologique attaché à ce mot.

De même pour l'homme, qui constitue un genre plutôt qu'une espèce, la fécondité diminue ou est nulle entre les races ou espèces entre lesquelles existe une trop longue série de types intermédiaires : ainsi, entre le nègre et la femme blanche, la fécondité est déjà diminuée; les métis des Européens et des Malais sont stériles entre eux à la troisième génération. Les blancs et les Australiennes sont absolument inféconds entre eux; on n'a pu observer jusqu'à ce jour qu'un seul métis, malgré de fréquentes unions.

Ce caractère d'immutabilité, attaché à l'espèce, est donc tout à fait illusoire. Il n'y a pas de groupement naturel d'individus; toutes les classifications sont purement artificielles. Il y a des types offrant entre eux plus ou moins d'analogie, il n'y a pas d'espèces. Tous les êtres se suivent dans la série animale, sans ligne aucune de démarcation; ils se transforment les uns en les autres, et les différences ne sont marquées et sensibles qu'entre les échelons éloignés de la série.

Ou il faut admettre cette théorie de transformisme, confirmée par l'anatomie et l'embryologie comparées, par la géologie et enfin par le raisonnement; ou la théorie d'une création spontanée et successive. Cette dernière, purement théologique, ne satisfait pas l'esprit; elle est en contradiction avec les lois de la nature et avec les découvertes de la science.

J'ai cherché à démontrer la vérité du transformisme, en considérant l'homme au point de vue physique, puis au point de vue moral. Dans cette double étude, les lois de l'évolution s'affirment. L'homme, pendant sa vie embryonnaire, passe par tous les degrés d'une organisation de plus en plus compliquée et parfaite; il a, à de certaines époques, la conformation propre aux invertébrés, puis aux vertébrés inférieurs, aux poissons, aux mammifères. Si la théorie de la création spontanée et individuelle était vraie, comment et pourquoi aurait-il, dans sa vie fœtale, des fentes branchiales, comme les Sélaciens? pourquoi ses poumons commenceraient-ils par être une vessie, en tout semblable à la vessie natatoire des poissons? pourquoi aurait-il primitivement, comme les mammifères inférieurs, un cloaque? pourquoi ses membres seraient-ils d'abord en forme de spatule, puis palmés? pourquoi tous ces caractères des organismes inférieurs, qu'il conserve comme la marque indélébile de son origine? S'il y avait eu pour lui une création spéciale, tous les caractères spécifiques du genre humain devraient exister seuls pendant sa vie embryonnaire.

Au point de vue moral, si l'on étudie l'origine de ses idées, si l'on voit les premières manifestations de l'intelligence, de la pensée, chez l'enfant ou le sauvage qui en est l'image parfaite, on voit que là encore il n'est qu'un animal perfectionné. Il y a des degrés en plus; il y a surtout beaucoup d'idées acquises par suite du développement social et transmises héréditairement; mais faisons abstraction de ces idées, nées ultérieurement de la civilisation, et ne considérons que les idées qui existent chez les espèces humaines inférieures, n'ayant aucun préjugé, ne suivant dans leur ligne de conduite que leurs instincts et leurs penchants naturels, dus seulement au développement progressif du cerveau; et nous verrons que ces penchants et ces idées sont les mêmes et uniquement les mêmes chez elles que chez les anthropoïdes, par exemple. Je dirai plus : il y a plus de distance au point de vue psychologique entre l'Européen et le Vitien ou l'Australien qu'entre ces derniers et certains animaux sauvages ou domestiques.

J'ai dû faire précéder de quelques notions très élémentaires d'embryologie humaine cette étude comparée de la série animale, étude qui eût été difficilement comprise sans ces données.

Les auteurs chez lesquels j'ai puisé de nombreux documents, que quelquefois même je n'ai fait qu'analyser, sont Darwin, Hæckel, Huxley, Carl Vogt, Büchner, Lubbock, Tylor, Wallace, Zaborowsky, Houzeau, Gegenbaüer, etc. C'est donc un peu un ouvrage de compilation; mais, à ceux qui me feront l'honneur de me lire, j'épargnerai du moins le travail *très* long, les recherches nombreuses que nécessite ce genre d'études.

Je n'ai pas l'illusion d'espérer convaincre qui que ce soit. Il est bien difficile de détruire, même par l'évidence des faits, des idées héréditaires, transmises pendant des siècles; et personne d'ailleurs n'a jamais voulu convenir qu'il a pu se tromper. Si je puis seulement forcer un lecteur à réfléchir sur cette question si belle et si intéressante, la *genèse de l'homme*, mon but sera atteint.

PREMIÈRE PARTIE

L'HOMME CONSIDÉRÉ AU POINT DE VUE PHYSIQUE

CHAPITRE PREMIER

NOTIONS ÉLÉMENTAIRES D'EMBRYOLOGIE HUMAINE

Si, au point de vue anatomique, on analyse un organisme quelconque, on voit qu'il se compose de deux éléments : les uns, vaisseaux, fibres, liquides divers, nous frappent tout d'abord par les services purement mécaniques ou chimiques qu'ils doivent rendre à l'économie; les autres sont des éléments dont le rôle est purement physiologique, et semblent échapper, comme tels, aux lois de la physique et de la chimie : ce sont les formes globulaires, les cellules.

Les phénomènes vitaux se localisent dans ces globules ou cellules, et dans les formes dérivées des cellules et en ayant conservé les propriétés. La vie est donc « l'ensemble des phénomènes successifs que présente l'élément cellulaire, ou ses métamorphoses constantes » (Küss).

Prenons une cellule à son début, suivons-la dans son évolution, et nous la verrons, par sa multiplication et ses transformations, donner naissance aux organismes les plus compliqués.

Le terme final de l'analyse de tous les tissus vivants est donc la cellule. Elle se compose essentiellement d'une matière granuleuse, transparente, le protoplasma, retenu par une membrane limitante ou d'enveloppe. Au milieu du protoplasma, on trouve une vésicule nommée noyau (nucléus), laquelle renferme elle-même un autre noyau nommé nucléole. Son diamètre total varie de 1/100 à 3/100 de millimètre.

Dans l'origine, un organisme se compose d'une cellule unique, l'ovule. L'ovule, dont le diamètre atteint jusqu'à 2/10 de millimètre, est l'œuf humain, contenu dans la vésicule de Graaf, et qui, en se développant, devient l'embryon humain.

Comme la cellule, il est composé d'un noyau central, nucléus dans la cellule, et vésicule germinative dans l'ovule. Ce premier noyau en contient un second plus petit, nucléole, tache germinative dans l'ovule. Ces deux noyaux nagent dans une matière amorphe, protoplasma, vitellus, qui est contenue dans une enveloppe épaisse, chorion.

Dans l'acte de la fécondation, on voyait autrefois dans le zoosperme, ou spermatozoïde, partie essentielle et fécondante du sperme, et que Ch. Robin appelle ovule mâle, la représentation de l'individu futur; et, à cause des mouvements qui lui sont propres, on voulait en faire un animalcule doué de propriétés vitales spéciales et y trouver le rudiment du fœtus. Il n'est, en somme, qu'une cellule, affectant une forme spéciale; au lieu d'être sphérique comme la plupart des cellules, celle-ci est fusiforme. Mais on y retrouve tous les éléments constitutifs : noyau et nucléole, à la partie renflée qui est la tête du spermatozoïde, et le protoplasma, contenu dans une membrane d'enveloppe, se prolongeant sous forme de queue.

Pour qu'il y ait fécondation, il faut fusion des deux cellules, mâle et femelle, autrement dit de la cellule-spermatozoïde et de la cellule-ovule ; il faut pénétration de l'une dans l'autre : ce qui a conduit un philosophe à dire que « l'amour n'est que la fusion de deux cellules. »

Une fois l'ovule fécondé, la vésicule et la tache germinative se dissolvent, disparaissent ; la cellule n'est donc plus composée que d'une matière amorphe, sphérique, enveloppée par le chorion, et qui est constituée par le protoplasma. Au centre de celui-ci se forme un nouveau noyau cellulaire qui se multiplie par segmentation ; c'est-à-dire qu'en un point de l'enveloppe de ce noyau se forme une dépression, laquelle s'enfonce de plus en plus, s'invagine, pénètre jusqu'au centre du noyau et finit par le séparer en deux. Ces deux nouveaux noyaux formés en engendrent eux-mêmes, par le même procédé, deux autres, et ainsi de suite. Il se forme ainsi une série de cellules qui remplissent tout le protoplasma et prennent alors le nom de cellules vitellines. Au centre de cette petite sphère, formée par l'agglomération de cellules, se forme un vide, qui se remplit de liquide ; celui-ci, en augmentant, refoule les cellules du centre vers la périphérie, par conséquent de dedans en dehors, et en même temps et forcément, par suite de cette pression excentrique, leur enlève leur forme sphérique, les aplatit. Il résulte donc un espace limité de tous côtés par ces cellules, une sorte de poche sphérique, concentrique, qui est la vésicule blastodermique.

L'enveloppe de cette vésicule, formée d'une seule couche de cellules aplaties, prend le nom de blastoderme. Mais toutes ces cellules n'ont pas été utilisées pour former cette enveloppe, et une certaine quantité vient s'appliquer en un point de la surface interne de la membrane blastodermique; il en résulte une tache, qui est l'aera germinativa, ou tache germinative. C'est cette tache qui est le point de départ de l'embryon et qui est formée par des cellules du blastoderme. Ces cellules de l'aire germinative multiplient à leur tour et finissent par tapisser complètement le blastoderme : Il résulte donc deux couches ou feuillets concentriques l'un à l'autre; la couche intérieure, ou feuillet interne, endoderme, et la couche externe, ou feuillet externe, exoderme, constituent le rudiment primitif de toutes les espèces animales. Le premier constituera le feuillet intestinal; le second, le feuillet cutané.

Entre ces deux feuillets s'en forme un troisième, le mésoderme, qui se dédouble lui-même en deux autres. Le premier feuillet du mésoderme, en allant de dehors en dedans, sera le point de départ du système musculo-cutané; le second, du système musculo-intestinal. Nous avons donc ainsi quatre feuillets qui contiennent, à l'état rudimentaire, tous les éléments des organes de l'homme.

1er feuillet, cutané-sensitif : épiderme; cheveux; glandes; système nerveux; reins; glandes sexuelles.

2e feuillet, fibro-cutané : muscles de la région dorsale; vertèbres; os; cartilages; muscles.

3e feuillet, fibro-intestinal : cœur; vaisseaux; sang; mésentère.

4e feuillet, intestino-glandulaire : glandes intestinales; poumons, foie, glandes salivaires.

Suivons maintenant le développement ultérieur des feuillets primitifs : le feuillet interne et le feuillet externe.

Les organes les plus indispensables à la vie, et par conséquent les premiers formés, sont : le tube digestif, et le cordon qui constitue la moelle épinière, par suite le système nerveux.

1° Le tube digestif provient du feuillet germinatif le plus interne, le feuillet intestino-glandulaire. Autour du blastoderme existe un amas de cellules groupées en sphère; celles-ci se dépriment suivant son diamètre; cette dépression constitue une gouttière qui se creuse de plus en plus et finit par être, en s'incurvant sur elle-même, un canal, le canal intestinal. Aux extrémités de ce canal intestinal, ainsi incurvé, se trouvent deux renflements : l'un est la cavité intestinale céphalique, qui deviendra le pharynx et l'œsophage; l'autre est la cavité intestinale iliaque, qui formera le rectum. Ceux-ci circonscrivent, au centre de leur incurvation, la vésicule blastodermique, qui correspond au centre de cette ligne courbe et qui devient la vésicule ombilicale. Cette dernière se trouve donc comprimée en un point, sur toute sa circonférence; et c'est ce canal, formé par la compression de la vésicule, qui deviendra le canal ombilical.

Au renflement antérieur du canal intestinal, il se forme une petite dépression, une fossette, qui, en se creusant de plus en plus d'avant en arrière, sera la bouche, laquelle ne communiquera que plus tard avec le pharynx. Sur la paroi antérieure du canal intestinal iliaque, le feuillet interne du blastoderme se déprime bientôt et constitue une petite vésicule, vésicule urinaire, d'abord contenue dans la concavité de l'embryon. Celle-ci s'agrandit peu à peu et devient extra-embryonnaire dans la plus grande partie de son étendue. La partie de cette vésicule qui reste dans l'intérieur de l'embryon constituera plus tard la vessie ; et la partie qui se trouve en dehors de l'embryon devient la vésicule allantoïde; celle-ci est donc formée aux dépens de la vésicule urinaire. Ces deux cavités sont réunies par un canal d'abord large et qui finit par s'oblitérer, canal allantoïdien. L'allantoïde se remplit de vaisseaux sanguins et, en se développant, atteint un point du chorion; ce point de contact sera le placenta. La vésicule ombilicale, qui est simplement le reste de la vésicule blastodermique et dont le rôle physiologique est terminé vers la cinquième ou sixième semaine, n'existe plus.

2° Le système nerveux se forme aux dépens du feuillet externe et apparaît au vingt et unième jour du développement de l'ovule, sous la forme d'une gouttière, sillon dorsal ou gouttière médullaire. La longueur du fœtus est alors de 5 millimètres. Nous avons vu se former l'aire germinative sous forme d'une tache; en s'agrandissant, celle-ci s'épaissit et se soulève en forme de bouclier à la surface du blastoderme et paraît alors comme une tache sombre, arrondie, — aire opaque. Dans sa partie centrale, on voit un endroit clair, à forme allongée, l'aire transparente. C'est au centre de cette aire transparente que se montre la première ébauche de l'embryon sous forme d'un petit bouclier épais, allongé, — aire embryonnaire, ou germe lyriforme (Huxley), — un peu étranglé à sa partie moyenne. Il se creuse bientôt, sur sa face dorsale ou convexe, un petit sillon linéaire dont les extrémités n'atteignent pas les extrémités du bouclier : ce sillon est la gouttière primitive, sous laquelle paraît un cordon cylindrique, la chorda dorsalis, qui constituera l'axe de la colonne vertébrale. Les parties situées immédiatement de chaque côté de la corde dorsale, et qui constituent les lames vertébrales, se sectionnent en plusieurs pièces symétriques, disposées par paires, semblables à de petites taches sombres quadrangulaires : ce sont les métamères, qui sont les rudiments des vertèbres et du crâne; le crâne est formé, en effet, par la soudure de cinq vertèbres modifiées (Gegenbaüer). La gouttière médullaire se renfle à sa partie supérieure et s'incurve; ce renflement supérieur se divise en cinq ampoules, par suite d'étranglements annulaires transverses, et constitue le cerveau.

D'autres organes importants nous restent à décrire sommairement : ce sont l'amnios, le cœur et les poumons. L'amnios se forme dans le cours de la deuxième semaine. Le fœtus nage, à partir de ce moment, dans un liquide blanc, albumineux, le liquide amniotique, sécrété par l'amnios. Au niveau de l'aire germinative, le feuillet moyen se dédouble en deux lamelles qui s'écartent l'une de l'autre, en même temps qu'un liquide clair remplit leur intervalle. La lamelle intérieure reste appliquée sur le feuillet germinatif interne: tandis que l'autre s'unit étroitement au feuillet externe de la vésicule blastodermique et suit ce dernier quand il se détache de cette vésicule, pour s'élever au-dessus. Il n'y a donc plus qu'une membrane unique formée par ce feuillet et la lamelle externe : c'est la cloison annulaire, qui entoure l'embryon et qui, en s'élevant de plus en plus, finit par se souder au-dessus de lui.

Le cœur se forme du dixième au douzième jour dans la cavité cardiaque, aux dépens du feuillet moyen du blastoderme et de la paroi intestinale antérieure. C'est d'abord une masse solide de cellules, dans laquelle se forme bientôt une cavité centrale par la chute des cellules les plus internes, qui deviennent des globules sanguins, et par la production d'un liquide intercellulaire. Il se dégage peu à peu de la paroi intestinale antérieure, devient libre dans la cavité cardiaque, et n'est plus retenu que par des vaisseaux. C'est d'abord un tube rectiligne, qui s'incurve bientôt en forme d'S; dans ce tube se produisent deux étranglements qui interceptent trois dilatations : la section antérieure, tournée vers le côté abdominal et d'où naissent les arcs aortiques ; la section moyenne, qui est le rudiment d'un ventricule ; et la section postérieure, tournée vers la région dorsale, et qui est le rudiment d'une oreillette.

Les poumons sont formés, ainsi que la trachée et le larynx, aux dépens de la paroi abdominale de l'intestin antérieur. C'est primitivement une petite poche, provenant du canal intestinal, formée par une dépression du feuillet épithélial et du feuillet fibreux de l'intestin. Elle apparait du vingtième au vingt-huitième jour. Cette poche, d'abord unique, se subdivise en deux, situées au-dessus du cœur et en avant de l'œsophage. Sur ces deux poches se développent des culs-de-sac secondaires, qui se multiplient de plus en plus, de façon à former l'ébauche des principaux lobules du poumon.

De très bonne heure apparaissent, de chaque côté du cou de l'embryon, des organes qui ont une valeur énorme au point de vue de l'embryologie comparée : ce sont les arcs branchiaux et les fentes branchiales. A droite et à gauche, sur la paroi latérale de la cavité intestinale céphalique, il se se forme une paire, puis plusieurs paires de dépressions sacciformes, occupant toute l'épaisseur de la paroi. Ces dépressions deviennent des fentes pénétrant dans la cavité œsophagienne. Entre chaque fente, la paroi s'épaissit et constitue des arcs. Ils apparaissent successivement, au nombre de quatre : le premier, au quatrième jour, les trois autres immédiatement après. Ils se transforment ultérieurement en os maxillaires, os hyoïde et osselets de l'ouïe.

Les membres, supérieur et inférieur, sont primitivement de petits bourgeons charnus, arrondis, apparaissant vers la quatrième semaine. A la cinquième semaine, on distingue une papille, se prolongeant en forme de spatule, rattachée par un pédicule à un renflement radiculaire. La séparation des doigts se fait par de petits sillons qui se creusent de plus en plus et finissent par être des fentes complètes. Les membres antérieurs précèdent, comme formation, les membres inférieurs. Les points d'ossification se font différemment selon les os.

Les organes des sens sont, au début, simplement des portions du tégument cutané, auxquels se rattachent des nerfs sensitifs. Ces nerfs eux-mêmes commencent par être homogènes, indifférenciés. Tous ces organes ont pour point de départ le tégument cutané, à la superficie duquel se forme une dépression, une fossette. Le nez est d'abord formé par un seul bourgeon, qui devient une fossette, subdivisée plus tard en deux par une cloison et terminée en cul-de-sac; la communication avec la bouche et le pharynx n'a lieu qu'ultérieurement. La bouche apparaît également comme une dépression qui, en s'accentuant, finit par s'aboucher avec le tube digestif et communiquer librement avec lui. Pour l'œil, le tégument cutané qui recouvre d'abord les vésicules oculaires primitives, qui ne sont elles-mêmes qu'une expansion du cerveau, y devient adhérent et s'invagine. Cette cavité, ainsi formée, se remplit par les cellules qui se multiplient à la surface de sa paroi; ces cellules constitueront le cristallin, l'humeur aqueuse et les différentes parties de l'œil. Outre les deux paupières, qui d'ailleurs restent adhérentes jusqu'au moment de la naissance, il existe les rudiments d'une troisième paupière qui est atrophiée et dont les restes, situés à l'angle interne du globe oculaire, sont la caroncule lacrymale.

Le premier rudiment de l'oreille est l'oreille interne. L'externe ne se forme que plus tard, par un repli annulaire de la peau qui, en s'enfonçant, met en communication l'oreille interne, puis l'oreille moyenne, avec l'air extérieur, par l'intermédiaire du tympan, qui n'est que la continuation de la peau modifiée en ce point et déprimée d'avant en arrière.

Les organes génito-urinaires n'ont pas, au début de la vie

embryonnaire, de caractères sexuels différentiels. A la quatrième semaine, l'intestin, qui jusqu'alors n'avait été qu'un tube sans aucune ouverture, communique avec l'extérieur par l'anus, formé par une dépression en cul-de-sac, de même que se forme la bouche. Mais, à cette époque, l'ouverture anale est unegran de cavité, le cloaque, dans laquelle s'ouvrent en avant l'ouraque, ou vessie future, et en arrière le rectum. Au milieu du deuxième mois, une cloison s'établit, qui divise ce cloaque en deux cavités distinctes : l'antérieure prend le nom de canal génito-urinaire et sert seulement au transport de l'urine et des produits sexuels; l'autre, l'anus, ne sert plus qu'au passage des excréments. En avant et sur le pourtour de l'ouverture du cloaque s'élève, à la sixième semaine, une papille conique qui se renfle à sa partie antérieure : sur la face inférieure apparaît une gouttière, gouttière sexuelle; et de chaque côté de celle-ci se forme un repli cutané : ce sont les replis sexuels. Cette papille conique, en se développant, deviendra la verge chez l'homme, le clitoris chez la femme. Jusqu'à ce moment, la distinction sexuelle n'existe pas encore : celle-ci ne s'accentue qu'au troisième mois; elle ne consiste, d'ailleurs, que dans un développement plus ou moins considérable des parties constitutives des organes, qui sont, en somme, tout à fait homologues.

CHAPITRE II

DÉVELOPPEMENT DE L'EMBRYON HUMAIN COMPARATIVEMENT A L'APPARITION SUCCESSIVE DES ESPÈCES DANS LA SÉRIE ANIMALE.

A chacune des phases du développement embryonnaire de l'homme, correspond une forme animale, arrêtée à ce point de formation. Des types inférieurs semblent avoir immobilisé, fixé certains degrés de l'évolution des groupes hiérarchiquement plus élevés.

I. L'ovule, avons-nous vu, n'est primitivement qu'une cellule. Mais, avant que cette cellule ne soit arrivée à l'état parfait, c'est-à-dire que dans le protoplasma ne se soient développés un noyau et un nucléole, et que lui-même soit contenu dans une membrane d'enveloppe, elle n'était d'abord composée que d'une matière amorphe et homogène, le protoplasma seul. Nous voyons déjà un type d'animal qui représente cette ébauche de matière organisée, animal qui semble être la première manifestation de la vie, de l'évolution animale. Ce sont les Monères, les Cytodes. Ainsi, à d'énormes profondeurs au fond de la mer, on trouve le Bathybius, qui n'est composé que d'une matière amorphe, gélatineuse, tenue en suspension dans ce milieu liquide, se multipliant par simple division, par lambeaux qui se détachent, et se nourrissant par imbibition. Là est le terme extrême de la vie. Comment se forme ce protoplasma ? Question à peu près insoluble, du moins quant à présent, avec nos connaissances actuelles, car elle revient à celle-ci : Comment se forme la vie ? Comment les corps vivants sont-ils apparus tout d'abord sur notre planète, primitivement purement minérale ? On ne peut répondre que par des hypothèses plus ou moins probables, hypothèses fondées sur la synthèse chimique : « Ils ont dû se former chimiquement aux dépens des composés anorganiques, qui contiennent, comme le protoplasma, de l'azote et du carbone. D'une combinaison nouvelle de ces éléments, a dû sortir l'élément vital. » (Hæckel.)

II. Quand l'ovule est arrivé à sa formation complète, la cellule qui le compose contient un noyau, un nucléole, du protoplasma et une enveloppe. A ce nouveau stade, nous voyons un animal qui y a arrêté son développement, animal très simple, très imparfait encore. Le type de cette espèce est l'Amibe, infusoire d'un organisme monocellulaire et qui existe en grande abondance dans l'eau douce principalement. Il est formé uniquement d'une cellule pourvue de son nucléus et entourée de protoplasma; il se nourrit par imbibition, ou plutôt par endosmose et exosmose, en absorbant les matières dissoutes dans l'eau. Il se reproduit par bipartition, c'est-à-dire que, après avoir atteint une certaine dimension, en deux points opposés de son nucléus se forment deux dépressions qui pénètrent de plus en plus vers le centre et séparent à la fin complètement le nucléus. Le même phénomène se produit pour l'enveloppe de la cellule. Cette première cellule, ou ce premier animal, s'est donc divisé en deux autres qui jouissent d'une vitalité propre et multiplieront, produiront des individus distincts, par le même procédé. On ne peut nier que l'Amibe soit un animal, car il jouit des propriétés qui établissent le mieux la séparation entre le règne végétal et le règne animal, propriétés qui sont la sensibilité et le mouvement propre, spontané, faciles d'ailleurs à constater chez cet être si faiblement ébauché.

III. Comme dans l'ovule fécondé, les cellules vont se multiplier par segmentation. Au centre du protoplasma, au lieu d'un seul noyau, nous en aurons plusieurs, contenus dans la même membrane d'enveloppe et qui se sont développés par le même procédé que se sont formées les cellules vitellines. Plusieurs espèces ont fixé ce degré de transition ; ce sont des animaux vivant dans la mer et les eaux douces, et formés d'un simple amas de cellules, comme certaines méduses, éponges.

IV. La classe des Planéades représente un stade d'évolution plus élevée. Cet amas de cellules mûriformes, contenues dans une membrane dont la paroi n'est encore formée que par une seule couche de cellules, va pouvoir se mouvoir librement dans l'eau. A l'extérieur de cette paroi se développent des prolongements protoplasmiques, filiformes, des cils vibratiles, qui enveloppent tout l'animal. Ces cils sont le représentant des villosités du chorion. Par des mouvements alternatifs de va-et-vient, ils entraînent la cellule dans tel ou tel sens. Le groupe très varié des Flagellates, surtout les Volvocinées, n'a pas d'autre constitution que celle-là.

V. Ces cellules, pour se multiplier, ont besoin d'emprunter au milieu ambiant, dans lequel elles se trouvent, des éléments nutritifs. Il y a donc un échange continuel entre le milieu et elles, échange qui se fait en vertu du pouvoir osmodique dont sont douées leurs parois. La nutrition se fait par endosmose. Si l'on suppose que l'absorption ait lieu plus spécialement en un point de cette sphère cellulaire, on conçoit qu'en ce point les cellules d'enveloppe s'usent plus rapidement ; il se formera donc une petite dépression, une cupule. Quelque faible que soit cette dépression, la surface d'absorption se trouvant incurvée en cet endroit, par suite de la pression extérieure en ce point, et par conséquent plus large, il y aura un échange plus considérable de nutrition : comme conséquence du travail accumulé en ce point, la dépression tendra toujours à augmenter davantage. Il se formera donc, dans cette sphère de cellules qui représente les Protozoaires, une invagination, un enfoncement ; les cellules seront refoulées de chaque côté de ce tube intérieur. Ces cellules, ainsi déprimées, sont les premiers éléments du tube digestif, de la gastræa (Hæckel). Cette sphère, suivant le mouvement de formation du tube intérieur, prendra la forme ovoïde. C'est ainsi, et en suivant cette évolution, qu'a dû se former le premier animal possédant un tube digestif.

Nous avons dès lors deux sortes de cellules, douées de propriétés différentes, chez lesquelles les fonctions tendent à se spécialiser. Les cellules internes seront chargées de la nutrition, les cellules externes de la motilité et de la protection. Seulement, le tube digestif n'a encore qu'un seul orifice. Chez certaines éponges calcaires, les Ascones, le corps n'est qu'une simple poche, cylindrique ou ovoïde, et dont la paroi est constituée par deux couches de cellules; la cavité de cette poche est la cavité stomacale. Les Gastréens sont donc les représentants de l'ovule humain, au moment de la formation du tube digestif qui, à la quatrième semaine, ne contient qu'une seule ouverture, l'anus, et qui est également le premier organe formé. A cette même époque, il y a déjà chez l'embryon humain deux feuillets à propriété distincte, l'un le feuillet interne ou intestinal, l'autre externe ou cutané.

VI. Entre les deux feuillets primitifs qui, seuls, existent dans la classe précédente, et qui sont les feuillets intestinal et cutané, qui forment chez les gastréens l'estomac et la peau, se sont développés deux autres feuillets cellulaires, provenant, par dédoublement, des deux premiers : le premier, soudé intimement au feuillet cutané, va constituer la masse musculaire du nouvel être; le second feuillet, soudé au feuillet intestinal, formera la paroi musculaire du tube digestif. Telle est l'organisation des Archelminthes, et qui correspond exactement à la formation des feuillets germinatifs de l'œuf humain. Ces Archelminthes, genre de vers, parmi lequel existe le Prothelmis, — forme ancestrale commune de tout cet embranchement et par conséquent la plus rudimentaire, — sont les plus pauvrement organisés de tous les vers. Ceux-ci se divisent en deux classes : l'une, les acœlomates, vers qui n'ont ni système circulatoire, ni cœur, ni sang ; et les cœlomates, qui descendent des premiers et chez lesquels on trouve une vraie cavité viscérale et une humeur sanguine.

Les acœlomates comprennent les Turbellariées aquatiques, les Trémadotes parasites et les vers rubanés ou Cestodes. Entre les gastréens et les acœlomates, il y a déjà un progrès immense : les organes se spécifient. Par suite de la formation de ces deux nouveaux organes nettement séparés et provenant de la séparation des quatre feuillets, apparaissent d'autres organes : les cellules tapissant le feuillet fibro-intestinal se groupent par masse et sont l'origine des canaux rénaux, absolument, comme dans l'ovule humain, les canaux rénaux se montrent dès que s'est accentuée la différenciation du feuillet germinatif moyen. D'autres groupes de cellules vont former les rudiments des organes génitaux ; mais ceux-ci n'apparaissent que tardivement, de même que dans l'œuf humain, à la sixième semaine; et les différences sexuelles n'existent pas encore.

VII. Quand, par suite d'un usage répété, chez les acœlomates, les sacs musculo-cutané et fibro-intestinal se furent longtemps contractés, il en résulta un décollement entre eux, un écartement graduel de ces deux lamelles musculaires. Dès lors, il se forma, entre les deux lamelles, une lacune que remplit une humeur sécrétée par la paroi intestinale. Cette lacune fut la cavité viscérale, dans laquelle se logèrent plus tard les circonvolutions intestinales, contenant l'humeur et le sang. En même temps apparaissent, dans ce groupe, les premiers vestiges du système nerveux : ce sont deux petits ganglions œsophagiques supérieurs, ou cerveau primitif, qui envoient de fins filaments nerveux aux muscles et au feuillet externe. Ainsi, des acœlomates s'est formée une série de vers mieux conformés, les cœlomates, parmi lesquels on peut citer les Tuniciers et la larve de l'Ascidie.

VIII. Le tube digestif n'a encore qu'une ouverture. Dans une classe de vers plus avancés en évolution, les Entéropneustes, il se forme une ouverture postérieure, l'anus. Le système circulatoire est plus complexe, les vaisseaux apparaissent; l'humeur, d'abord répandue dans la cavité viscérale, est contenue dans des parois qui s'étendent dans toute la longueur du corps ; et la partie antérieure du tube digestif se transforme en branchies propres à la respiration aquatique. Les organes sexuels se différencient. Nous avons vu, dans l'embryon humain, l'apparition de ces branchies à la partie supérieure du tube digestif, vers le quatrième jour ; et elles ne se transforment que plus tard pour des usages différents. Les progrès d'organisation que nous venons de signaler sont très nettement marqués chez le Balanoglossus.

IX. Nous n'avons vu, jusqu'à présent, que des animaux rampants, incapables de grands mouvements, parce que leurs muscles manquent de point d'appui solide. Mais, par suite de leur habitude de nager, de ce besoin du mouvoir pour chercher une nourriture, les muscles du corps ont dû acquérir un très grand développement; et, dès lors, il devint très avantageux, indispensable même pour ces muscles, d'avoir un point fixe de résistance. Cette fonction nouvelle fit naître l'organe : les feuillets germinatifs, en se soudant entre eux le long de l'axe du corps, fournirent ce point d'appui ; et le cordon résultant de cette soudure devint le rudiment de la colonne vertébrale, la chorda dorsalis. De plus, les petits ganglions nerveux, dont les rudiments apparaissent chez les acœlomates, s'allongèrent d'avant en arrière et constituèrent les éléments du tube médullaire. Au-dessus de la chorda dorsalis s'étend donc un cordon nerveux, l'analogue de la moelle épinière, et, au-dessous, le tube digestif. Ces organes si importants, en voie de formation, s'observent, à l'état d'ébauche, dans la larve de l'Ascidie.

Ainsi donc, en partant du protozoaire mono-cellulaire, nous sommes arrivés, par une transition insensible, et en observant les moindres degrés de perfectionnement, jusqu'à une série d'animaux d'organisation supérieure qui possèdent les rudiments d'une colonne vertébrale, la chorda dorsalis, et qu'on peut appeler, selon Hæckel, du nom général de Chordoniens; de même que, chez ces derniers, l'embryon humain possède une chorda dorsalis qui commence par être cartilagineuse et formée également par la soudure des feuillets germinatifs. Mais, tandis qu'elle reste à cet état rudimentaire chez les chordoniens les plus inférieurs, l'axe dorsal se solidifiera, prendra plus de consistance et finira par s'ossifier dans les séries supérieures.

X. Nous avons vu les premières formes à organismes distincts évoluer chez les vers. Ceux-ci ont donné naissance, au point de vue de la descendance, à deux grands embranchements : l'un contient une série aboutissant aux Chordoniens ;

l'autre a fourni les Articulés, les Radiés, les Mollusques. Laissons de côté ce dernier embranchement, pour ne suivre que celui dont l'évolution nous amène aux vertébrés, lesquels sont un degré de perfectionnement des premiers Chordoniens.

Ils se divisent en deux classes, au point de vue de l'époque de l'apparition : 1° les acrâniotes; 2° les crâniotes. Ceux-ci ne sont que les descendants des premiers. Dans les acrâniotes, l'animal est déjà pourvu du tube digestif, terminé par des branchies, d'un système circulatoire (mais sans cœur qui centralise la circulation), d'un axe central, la chorda dorsalis, au-dessous de laquelle apparaissent les métamères, premiers vestiges des vertèbres; mais le système nerveux ne comprend pas encore le développement supérieur, l'encéphale. Un seul représentant, encore vivant, de ce stade d'évolution, est l'Amphioxus.

1° *Acrâniotes* — L'Amphioxus, par sa structure anatomique, rappelle absolument l'embryon humain à l'époque de son développement où se forment chez lui la chorda dorsalis et les métamères; comme lui, il contient, à l'état embryonnaire ou rudimentaire, tous les éléments qui se retrouveront à un état plus parfait chez les vertébrés supérieurs. Il n'a encore nulle trace de membres. Son corps, allongé aux deux extrémités, est presque incolore; le tégument est transparent et délicat. Le long de l'axe médian du corps et à sa partie moyenne, on voit une tige mince et solide, un cordon cylindrique très simple, se terminant en pointe à ses deux extrémités; il représente le rudiment de la colonne vertébrale : c'est la chorda dorsalis, formée de cellules cartilagineuses. Immédiatement au-dessus d'elle, et s'étendant dans le sens de sa longueur, se trouve un tube cylindrique, un canal central, étroit, plein de liquide, et terminé en pointe à ses deux extrémités : c'est l'étui médullaire nerveux, qui est la première ébauche de la moelle épinière et qui est lui-même renfermé dans une gaine qui part du pourtour de la chorda dorsalis et qui, en se segmentant plus tard, chez les vertébrés supérieurs, formera les différentes vertèbres de la colonne vertébrale. Cependant la partie antérieure du canal médullaire est légèrement renflée en ampoule, ce qui semble montrer un indice d'ampoule cérébrale, rudiment du cerveau, et qui correspond au ganglion sus-œsophagien des vers.

Au-dessous de la chorda dorsalis est le tube digestif avec ses deux ouvertures, la bouche et l'anus ; à la partie antérieure, il s'alargit et contient des fentes branchiales, servant à la respiration. A la partie postérieure des fentes branchiales, un cœcum en forme de bourse allongée et qui est le rudiment du foie.

Le système circulatoire ne comprend pas encore de cœur. Le sang, incolore, est contenu dans des vaisseaux qui le chassent, par leur contraction, dans la longueur du corps ; quand le tube ou vaisseau supérieur se contracte, l'inférieur se remplit de sang, et réciproquement, une seule artère dorsale et une veine ramenant le sang aux branchies.

Les organes sexuels commencent déjà à se différencier ; mais ils sont réunis chez le même individu : de chaque côté de la cavité viscérale se trouvent de petites poches, contenant des cellules mâles et des cellules femelles, et qui constituent les ovules et les spermatozoïdes. Une fois arrivés à maturité, elles tombent ensemble dans la cavité intestinale, et ces œufs, ainsi fécondés, sont expulsés par la bouche.

Les reins n'existent pas à proprement parler, à moins qu'on ne prenne pour tels un long et large canal existant de chaque côté du tube digestif, dans un repli cutané longitudinal au-dessous des organes génitaux.

Deux fossettes à la partie supérieure et antérieure des corps représentent l'œil et le nez.

Telle est l'anatomie du premier représentant des vertébrés et duquel sont descendus, par des perfectionnements successifs de chacun de ces organes rudimentaires, les vertébrés crâniotes.

Tous les organes que nous avons vus chez l'embryon existent semblables dans l'œuf humain, à un certain moment de son développement. L'amphioxus a immobilisé, fixé dans une forme stable, cet état par lequel l'homme est obligé de passer pendant sa vie embryonnaire avant d'arriver à l'état de vertébré supérieur. L'amphioxus est donc un de nos ancètres, le plus ancien des vertébrés, à qui il n'était pas donné d'arriver à un plus complet degré de perfectionnement.

2° *Crâniotes.* — Si nous poursuivons l'étude comparative du développement de l'œuf humain, nous allons voir l'extrémité supérieure du tube médullaire se fractionner en plusieurs ampoules, et chacune de ces ampoules devenir un organe important du cerveau ; nous verrons aussi une dilatation en poche se produire sur un point des vaisseaux qui, jusqu'à présent, constituaient à eux seuls tout le système circulatoire; et cette poche deviendra le cœur; nous verrons enfin chacun des organes, à peine ébauchés, se perfectionner, s'isoler de plus en plus, et les organes se multiplier, dépendants et corollaires de fonctions nouvelles. Si, d'un autre côté, nous observons la série des animaux qui se sont succédé sur la terre, nous verrons à chaque nouvelle espèce, ou plutôt à chaque espèce transformée en une autre espèce, se manifester des progrès analogues. Chaque espèce qui, géologiquement, est produite après une autre, apporte avec elle de nouveaux progrès dans la structure des organes, par suite de la nécessité de l'adaptation de l'organisme au milieu dans lequel il se trouve et du besoin de perfectionnement pour soutenir avantageusement la lutte pour la vie. C'est ainsi que les acrâniotes, tout en conservant un type primitif qui s'est perpétué jusqu'à nos jours dans l'amphioxus, se sont transformés, par des variétés successives, en crâniotes, vertébrés déjà bien supérieurs et dont l'organisation se rapproche de plus en plus de celle de l'homme, qui est le dernier échelon de cette longue série animale.

Au point de vue de la succession progressive des organismes, au-dessus de l'amphioxus se trouvent les cyclostomes, qui servent de transition entre l'amphioxus et les poissons. Comme exemple type des cyclostomes, prenons la lamproie, quand elle n'est pas encore arrivée à son complet développement : chez elle, la moelle épinière se renfle à sa partie supérieure en une ampoule cérébrale pyriforme; c'est donc chez elle que se forme la première ébauche du cerveau ; c'est le plus rudimentaire des crâniotes. En même temps apparaît l'œil, organe encore très simple, et un organe de l'ouïe qui n'existait pas chez les animaux précédents. Le nez n'est formé que par une fossette impaire. Mais, là où le progrès se montre le plus, c'est dans la formation d'une poche musculeuse au-dessous des branchies et divisée en une oreillette et un ventricule : la circulation a dès lors un centre moteur. Il n'y a pas encore traces de membres, point de squelette osseux. Quand la lamproie devient adulte, le renflement qui termine l'extrémité antérieure de la chorda dorsalis se divise en cinq ampoules : cette divison en cinq ampoules se retrouve dans l'embryon de tous les vertébrés, y compris l'homme; ces ampoules sont les rudiments des parties constituantes du cerveau ; mais, chez les cyclostomes, ce cerveau, en voie de formation, s'arrête à cette simple division. De l'étui qui enveloppe la chorda part une petite capsule membraneuse, en partie cartilagineuse, et qui enveloppe le cerveau. Un autre perfectionnement se montre dans l'appareil respiratoire : de chaque côté de l'intestin antérieur se creusent six à sept paires de petites poches qui s'ouvrent en dedans dans l'œsophage, en dehors sur la peau. Ces poches se transformeront plus tard en vessie natatoire : celle-ci est le rudiment des poumons des vertébrés supérieurs.

Les cyclostomes se rapprochent, par beaucoup de points, de la conformation des poissons, à tel point qu'on les a souvent rangés dans la même classe que ces derniers. Cependant ils en diffèrent, nous venons de le voir, par plusieurs points importants. Mais nous n'avons qu'à concevoir perfectionnés ces organes encore élémentaires chez eux, et nous aurons tous les organes caractéristiques des poissons.

Le nez n'est encore formé que d'une fossette creusée au milieu de la région frontale. Une cloison va se former au centre de cette fossette, et il y aura deux narines distinctes, que nous retrouverons dès lors dans toute la série : nous avons donc la grande classe des amphirrhiniens.

Le squelette branchial externe, qui existait seul et qui supportait tout l'appareil des branchies, est remplacé par un squelette interne constitué par un certain nombre d'arcs branchiaux à échelons d'avant en arrière situés entre les fentes branchiales, de chaque côté de l'œsophage. La paire la plus antérieure de ces arcs branchiaux se transformera plus tard en arcs maxillaires, d'où proviendront les os maxillaires supérieur et inférieur.

Aux dépens de la portion antérieure du canal intestinal se forme une poche qui, chez les poissons, reste en cet état et sert de vessie natatoire, et qui, en se transformant, deviendra les poumons des vertébrés. Cette poche, dont la pression intérieure peut augmenter ou diminuer, sert de puissant moyen de locomotion aux poissons, en augmentant ou en diminuant leur poids spécifique.

Enfin apparaissent, à ce moment, les premières traces des membres, sous forme de deux paires de nageoires, l'une antérieure, l'autre postérieure. Le squelette de ces nageoires se compose d'os homologues à ceux des membres des vertébrés et de l'homme. Elles commencent par être à quatre doigts.

Chez les cyclostomes, nous avons vu le cœur se former et se diviser en deux sections. Là se forme une troisième section; en même temps se produit un phénomène d'incurvation et de rotation, en spirale du cœur, et des trois sections formées par trois étranglements, la première, tournée vers l'abdomen, donnera naissance aux arcs aortiques et est le bulbe artériel; la section moyenne est le rudiment d'un ventricule simple; et la section postérieure, tournée vers le dos, est le rudiment d'une oreillette simple.

Enfin, dans cette nouvelle série, apparaissent des organes nouveaux : le système nerveux sympathique, le pancréas, la rate.

Le genre le plus primitif de cette classe est celui des Sélaciens (Squales, Raies); et cependant quelle énorme distance nous sommes obligés d'avouer entre les cyclostomes et les Sélaciens. Des types nombreux ont dû exister, servant d'intermédiaire, et contenant, en voie de formation, tous ces organes que nous voyons complètement formés chez les poissons. Mais les recherches fossiles ne peuvent pas et ne pourront jamais être d'aucune utilité, car on ne peut pas retrouver des restes d'animaux chez lesquels le squelette n'existait pas encore à l'état osseux, où il n'était que cartilagineux et par conséquent incapable de résister à l'action de la terre et du temps. On ne peut donc que faire des hypothèses; mais encore peut-on se représenter ces intermédiaires tels qu'ils ont dû être, car on ne peut admettre une exception dans une loi si générale. Si l'amphioxus n'existait pas encore, pour affirmer cette loi par sa présence, on trouverait une distance bien plus considérable encore entre les Chordoniens et les Crâniotes. Mais un type intermédiaire subsiste, et il suffit pour nous montrer la filière.

Maintenant, toutefois, que nous approchons des conformations anatomiques supérieurs, ces *desiderata* seront moins nombreux; et nous suivrons de plus près les transformations successives d'organes.

Jusqu'à cette époque de l'évolution de la vie, tous les animaux qui existaient étaient aquatiques. Leurs organes ne leur permettaient pas de vivre dans l'air ni sur la terre. A l'époque dévonienne et carbonifère, apparurent les premiers êtres dont les organes sont adaptés à la respiration aérienne. Les modifications qui se produisirent dans leur conformation consistent dans le perfectionnement des organes déjà existants chez leurs prédécesseurs, leurs ancêtres, mais adaptés à leur nouvelle manière de vivre. Chez les Sélaciens primitifs, s'est formée la vessie natatoire; chez ces nouveaux êtres, cette vessie se transforme en poumons. Les vaisseaux qui tapissent sa paroi se multiplient; sa fonction ne consiste plus seulement à sécréter des gaz, mais elle absorbe aussi l'air qui s'est introduit par le conduit aérien. Cette modification devait en entraîner d'autres; en effet, le cœur se divise complètement en deux moitiés, droite et gauche : c'est la conséquence forcée de la nouvelle fonction respiratoire, qui exige une hématose plus complète du sang. La circulation est dès lors double, comme chez tous les autres vertébrés supérieurs. L'apport de l'air extérieur devenant plus nécessaire, les moyens de communication de l'ancienne vessie natatoire avec celui-ci doivent être perfectionnés, augmentés; aussi, au lieu d'être une simple paire de fossettes situées à la surface de la tête et représentant le nez, les narines se perforent complètement et communiquent avec la cavité buccale. Mais, les poumons étant encore trop imparfaits pour une hématose suffisante, cet état de choses serait insuffisant; aussi la respiration branchiale persiste-t-elle encore, pour venir en aide à la nouvelle respiration pulmonaire. Trois espèces, vivant encore, représentent cette classe de poissons chez lesquels cette transformation s'est faite et s'est fixée, attestant ainsi comment elle s'est peu à peu produite, comment un organe s'est adapté à de nouvelles conditions de vivre, sans l'utilité de l'intervention d'un acte créateur spécial. Ces espèces intermédiaires sont : le Protopterus annecteus, le Ceratodus et le Lepidosiren.

Par un usage plus continu, et même exclusif des poumons, ceux-ci se perfectionnent comme organes, et les branchies, devenues inutiles, doivent tendre à disparaître, à s'atrophier ou à se transformer. Cette classe précédente de poissons, qu'Hæckel a appelés Dipneustes (respiration double), sert, en effet, de point d'union entre les poissons essentiellement aquatiques et les amphibies. La vessie natatoire, ou, pour mieux dire, le poumon rudimentaire, n'est plus une simple poche vascularisée; elle se développe en un corps spongieux, à tissu vésiculeux; c'est une sorte de grappe ramifiée. Le canal de communication de cette poche avec l'intestin antérieur croît et devient un long tube, rudiment de la trachée. Les nageoires, par suite du nouveau besoin qu'ont ces animaux d'y trouver un point d'appui solide, deviennent osseuses, de cartilagineuses qu'elles étaient; les rayons qui les composent s'isolent les uns des autres et forment autant de doigts. Leur nombre est de cinq, nombre que l'on retrouve absolument le même chez tous les animaux terrestres, quels qu'ils soient. Plus tard, chez différentes classes, les ruminants par exemple et tous les solipèdes, certains de ces os se soudent entre eux ou s'atrophient; mais un examen attentif et analytique y montre toujours le nombre cinq. Par suite d'une vie plus active, d'une plus grande résistance du terrain sur lequel se meuvent ces nouveaux habitants terrestres, le système musculaire se développe, et par suite le système nerveux. Toutes les parties du squelette offrent plus de résistance à l'action musculaire, et les cartilages s'ossifient. En même temps, le cerveau se perfectionne.

La preuve incontestable de la descendance des animaux de ce groupe d'animaux aquatiques est dans les vestiges d'une conformation primitive faite pour vivre uniquement dans l'eau, vestiges qu'ils portent pendant toute leur jeunesse. La grenouille, par exemple, commence par être têtard, animal aquatique, et la métamorphose que subit ce têtard pour devenir un animal pouvant vivre dans l'air reproduit absolument en petit ce que la nature a produit sur une plus grande échelle pour tous les êtres organisés. Dans ce cas particulier, la métamorphose se produit à l'air libre, tandis qu'elle a lieu pendant la vie embryonnaire pour l'espèce humaine; seulement ces métamorphoses du têtard sont plus lentes, exigent plus de temps pour être complètes. Un changement complet et analogue se produit chez les Salamandres. Et, si l'on empêche un jeune de cette espèce de sortir de l'eau, les organes de la respiration terrestre ne se développent pas; il reste pendant toute sa vie à l'état de larve; il ne se métamorphose pas; les poumons ne se développent pas. Enfin, l'existence de la queue dans la larve de la grenouille prouve suffisamment que celle-ci descend d'une Salamandre à longue queue; seulement, à l'état parfait, la queue, devenue inutile, s'atrophie.

Dans cette même classe des amphibies, signalons encore un progrès notable qui s'accomplit dans les genres supérieurs. La poche vésiculeuse, qui est le poumon, se divise par une cloison en deux moitiés, l'une droite, l'autre gauche. Ces deux nouveaux sacs augmentent de volume, par suite d'un usage plus considérable; ils emplissent dès lors la cavité thoracique : nous avons donc les poumons parfaits.

Entre les amphibies et la série qui a dû descendre de ceux-ci, il y a un pas immense, une grande lacune. Les espèces dont l'organisation offrent le plus de points communs sont celles de certains Sauriens se rapprochant de la Salamandre. Chez ceux-ci, nous voyons apparaître un nouvel organe embryologique, qui distingue cette classe : c'est l'amnios; aussi peut-on donner le nom d'Amniotes à tout le groupe descendant des Amphibies. Un fait très important le signale : c'est la disparition des branchies; devenues inutiles, elles se transforment et donnent naissance à une partie de l'organe auditif, le conduit auditif externe, la caisse du tympan et la trompe d'Eustache. Les autres arcs branchiaux forment l'os hyoïde et les osselets de l'ouïe. D'autres changements s'opèrent dans le développement embryologique : la poche urinaire des amphibies sort de la cavité viscérale de l'embryon et devient l'allantoïde, organe embryonnaire qui n'existait pas encore. Le corps du fœtus prend une incurvation, caractéristique des classes supérieures de vertébrés : la tête est presque à angle droit avec la poitrine, et l'extrémité caudale se replie sur elle-même. Les reins primitifs deviennent enfin des reins véritables.

Tous ces caractères embryologiques des Sauriens, nous les avons vus dans la description de l'évolution de l'embryon humain. Un seul organe manque encore : c'est le placenta, qui se formera aux dépens de l'allantoïde.

De cette classe de Sauriens sont descendues les trois classes supérieures : reptiles, oiseaux, mammifères. Mais là, de même que nous l'avons déjà observé pour les vers, les descendants de cette souche primitive des Amniotes se sont divisés en deux rameaux divergents et qui se sont développés très différemment. Du premier groupe sont descendus les reptiles, et de ceux-ci les oiseaux; du second, le rameau des mammifères, qui seuls nous intéressent et desquels nous allons nous occuper, en continuant de suivre le développement progressif de cette souche-mère de l'homme.

Les premières espèces dont on trouve les restes fossiles sont également les plus inférieures au point de vue de la conformation et du développement embryologiques; elles appartiennent au groupe des mammifères à cloaque. Or, dans l'embryon humain, nous avons vu le cloaque persister jusqu'au milieu du deuxième mois. Ces espèces ont l'allantoïde, l'amnios, mais n'ont pas encore de placenta, caractère propre aux espèces supérieures et qui ne se montre que tard chez le fœtus humain, lorsqu'il est déjà réellement formé, vers le milieu de la grossesse, c'est-à-dire à quatre mois et demi. Le groupe qui s'est arrêté à ce degré d'évolution comprend les Monotrèmes et les Marsupiaux.

Le caractère distinctif des monotrèmes est la persistance du cloaque, comme chez les animaux précédents. Les canaux urinaires et sexuels débouchent dans une poche commune, à l'orifice inférieur du tube digestif; ils ne sont pas encore séparés, devenus distincts.

Les mamelles ne sont encore qu'à l'état rudimentaire; elles sont en voie de formation; au lieu d'une glande munie d'un mamelon, le lait sort par un point de la peau criblé de pertuis; comme il n'y a pas de mamelons, le jeune ne tette pas, il lèche; le cerveau, à peine développé, ne recouvre pas le cervelet. Le squelette se rapproche beaucoup de celui des reptiles et des oiseaux, et porte encore l'empreinte de la descendance du rameau primitif : les os de l'épaule prennent un très grand développement, et leur disposition ressemble beaucoup plus à ce qui existe chez les lézards et les oiseaux qu'à ce que l'on voit chez les mammifères ordinaires : un os, en forme d'Y, s'appuie sur l'extrémité antérieure du sternum et envoie ses deux branches aux deux omoplates, de la même manière que la fourchette des oiseaux. L'os coracoïdien s'atrophie et n'est plus qu'une apophyse de l'omoplate, sans fonctions. Les membres sont tout à fait analogues à ceux des sauriens : courts et larges. Cette classe a encore des représentants vivants dans l'ornithorynque.

Elle nous conduit insensiblement à celle des Marsupiaux, avec laquelle elle a beaucoup de ressemblance, mais chez laquelle cependant certains organes se sont perfectionnés. Chez eux, le maxillaire inférieur est mieux conformé; il est pourvu d'une apophyse osseuse spéciale. Le cloaque disparaît; une cloison sépare le rectum de la vessie. Enfin, et surtout, les glandes mammaires se forment et versent leur produit à l'extérieur par un seul canal. Elles ont un mamelon; mais ces mamelles ne sont pas encore extérieures : elles sont renfermées dans une poche soutenue par les os marsupiaux. Le jeune ne lèche plus, il tette. Un seul caractère, de nature embryonnaire, les distingue encore de la classe supérieure : c'est l'absence du placenta.

La classe des mammifères supérieurs, caractérisés par la présence du placenta, dont l'embryon et ses enveloppes ne diffèrent par aucun caractère morphologique de ceux de l'homme, apparaît à l'époque tertiaire. Chez les plus inférieurs des placentaliens, les Edentés par exemple, certains caractères offrent encore beaucoup de rapprochement avec ceux des marsupiaux, principalement au point de vue du développement peu considérable du cerveau; mais le squelette ne contient plus d'os marsupiaux. De plus, l'embryon de l'Edenté est le même que celui de l'homme : on peut donc dire que l'homme est le terme final des placentaliens.

Toutes les différences entre lui et ses ancêtres consistent dans un degré plus ou moins considérable du perfectionnement des organes; mais, chez tous les êtres de cette classe, ils sont également distincts, ils se sont également spécialisés, et la différence ne réside ni dans le nombre ni dans la spécificité, mais dans la perfection.

Toutes les particularités anatomiques et embryologiques qui distinguent les placentaliens des deux groupes inférieurs de mammifères et de tous les autres animaux se retrouvent chez l'homme. Chez eux seuls, en effet, le cerveau se divise en deux hémisphères, droit et gauche, réunis par le corps calleux. Le placenta, en permettant une plus longue gestation et une alimentation plus longtemps continuée, permet aussi à l'embryon de passer par des phases multiples et, par suite, d'arriver à un développement supérieur. Cependant, au point de vue de la structure, de la forme et de la grandeur du placenta, on peut diviser les mammifères en deux groupes : l'un, le plus inférieur, comprend les ongulés, les chevaux, les porcs, ruminants, cétacés; l'autre comprend les carnassiers, l'éléphant.... Et, enfin, nous ne trouvons le placenta à l'état parfait et localisé que chez les insectivores, les rongeurs, les cheiroptères, les singes et l'homme. Ce dernier groupe seul nous intéresse.

Entre les placentaliens supérieurs et l'homme, il n'y a plus de différences organologiques ni embryologiques. Tous les caractères différentiels résident dans des différences de proportion des organes entre eux et de leur modification selon la manière de vivre. Certains organes se développent plus que d'autres et entraînent, par une loi nécessaire de corrélation, l'atrophie ou le développement d'autres parties. Ces caractères tout à fait secondaires et variables sont les seuls sur lesquels on se soit fondé pour établir une classification. Il nous reste donc à voir, maintenant, quels sont les caractères extérieurs qui ont servi à établir une distinction entre le genre le plus proche de l'homme, le genre simien, et le genre humain.

Mais, auparavant, résumons en quelques lignes le parallèle entre le développement de l'embryon humain et le développement évolutionniste de la série animale.

Conclusions. — L'homme, dans sa vie embryonnaire, repasse par toute la série des formes sous lesquelles la vie s'est manifestée, avant d'arriver au type actuellement existant et dernier formé. Il recommence, dans son développement fœtal, la marche progressive que la nature a suivie pour la création des êtres. Et non seulement l'homme, mais tous les animaux, renouvellent, dans l'évolution embryonnaire, leur évolution ancestrale.

De même que les proches parents donnent la ressemblance physique et morale à leurs enfants, de même aussi des ancêtres plus reculés ont légué leur forme à leurs descendants; mais cette forme, étant très ancienne et s'étant profondément modifiée, n'est plus maintenant qu'à l'état de souvenir, de vestiges dans l'embryon.

En dernière analyse de l'élément vital, on arrive au protoplasma et à la cellule parfaite. L'ovule humain débute par cet état. Dans l'embryon, tous les organes n'apparaissent que successivement; ils se perfectionnent et se modifient, comme dans la série animale; aucun ne se crée spontanément; ils ne sont tous que le résultat de transformations.

Après avoir été amibe, monère, c'est-à-dire unicellulaire, l'homme devint gastréen; le tube digestif est, en effet, le premier qui apparaît dans l'embryon; il n'a d'abord qu'une seule ouverture (enteropneustes). Puis il fut chordonien; l'axe dorsal apparaît en seconde ligne, comme dans la suite naturelle de l'apparition des êtres sur la terre; c'est d'abord un axe simple (amphioxus), sur le côté duquel se développent les métamères. A sa partie supérieure apparaissent beaucoup plus tard cinq ampoules cérébrales; à ce moment, il n'est encore qu'un vertébré inférieur (cyclostomes).

Sa respiration fut primitivement aquatique : il a encore des branchies, qui ne se modifient qu'après la sixième semaine de la vie embryonnaire (amphibies). Ses poumons se forment par le même procédé que la vessie natatoire des poissons s'est transformée en organe de respiration aérienne. C'est une poche d'abord simple, puis qui se vascularise et dans laquelle les cellules, par leur multiplication, forment le parenchyme pulmonaire (dipneustes, poissons parfaits).

Le cœur n'est d'abord qu'une simple dilatation en ampoule (acœlomates). La division en quatre cavités n'est que progressive; elle n'est complète qu'à la fin de la quatrième et cinquième semaine (crâniotes).

Les membres apparaissent tardivement dans la série animale; de même dans l'embryon, à la quatrième seulement.

Le membre supérieur apparaît le premier (sélaciens). Il a

d'abord la forme d'une spatule (1ers sélaciens); puis les divisions interdigitales s'accentuent, et les doigts finissent par être distincts, après avoir été palmés.

Les organes des sens sont primitivement de simples fossettes (acrâniotes). Une cloison se forme qui sépare les deux narines (amphirrhiniens) et finit par communiquer avec la bouche (dipneustes).

Les organes sexuels sont d'abord indifférentiels et formés d'un amas de cellules (acœlomates). Il n'y a pas encore de cloison séparant le rectum des organes génitaux; l'embryon a un cloaque (monotrèmes). La cloison n'existe que chez les vertébrés supérieurs (marsupiaux). Aussi la voit-on se former tardivement chez le fœtus humain : à deux mois.

Enfin, le dernier caractère qui différencie l'homme des vertébrés supérieurs est l'apparition du placenta. Celui-ci est également le dernier organe dans l'ordre de formation chez l'embryon humain : il n'est à l'état parfait qu'à quatre mois et demi.

Il est donc juste de dire que l'homme n'est pas plus un placentalien perfectionné qu'un amibe perfectionné; il a été l'un avant d'être l'autre. Le placentalien, il est vrai, se rapproche plus de lui au point de vue du temps que l'évolution a mis pour le transformer; mais l'un et l'autre ont pour ancêtre l'animal primitif monocellulaire.

CHAPITRE III

CARACTÈRES DISTINCTIFS DES GENRES SIMIEN ET HUMAIN

Les premiers singes, les prosimiens, avaient une conformation qui s'éloignait beaucoup de celle des singes actuels. Ils n'existent guère plus qu'à l'état fossile; ils ont toutefois encore quelques représentants dans l'île de Madagascar; et ceux-ci portent encore l'empreinte de la conformation des ancêtres dont ils sont descendus. Quelques-uns, par exemple, ressemblent beaucoup, par le squelette et les mœurs, aux Marsupiaux; d'autres, les Macrotarsis, conservent les caractères des insectivores; les Chiromys se rapprochent, au contraire, des Rongeurs; le Galéopithèque, des Cheiroptères; enfin, le prosimien se rapprochant le plus des vrais singes est le Lorris.

Entre ces singes primitifs et les singes actuels, il y a, au point de vue morphologique, beaucoup plus de dissemblance qu'entre ces derniers et l'homme. On peut donc dire, d'après la loi biologique de descendance, que la souche-mère du genre simien a fourni deux embranchements : de l'un sont nés les prosimiens; de l'autre, les singes actuels, lesquels ont eux-mêmes donné naissance à un genre plus élevé, le genre humain.

Nous n'avons donc à nous occuper que des singes modernes.

Il est un caractère qui, de tout temps, a frappé les naturalistes : c'est la conformation des extrémités antérieures et postérieures du singe, et qui leur a fait attribuer quatre mains. Blümenbach et, après lui, Cuvier se sont même fondés sur ces apparences pour leur classification. Des singes, ils ont fait des quadrumanes, et des hommes des bimanes. Cette distinction ne repose sur aucun fondement, et la moindre étude d'anatomie comparée la détruit complètement. Au point de vue du squelette et de la musculature, la différence qui existe entre le pied et la main du singe est la même qu'entre le pied et la main de l'homme. Le pied du singe a les mêmes os et les mêmes muscles que celui de l'homme. Le caractère de pouce opposable ne tient qu'à un usage prolongé et continu de ce doigt, ce qui lui a donné une grande mobilité. Chez l'homme, le pouce n'est plus opposable, parce qu'il a été détourné de cet usage, par la compression des chaussures et surtout par le manque d'exercice, et ce caractère atrophique s'est perpétué par hérédité. Ceci est tellement vrai que si l'on examine le pied de l'homme qui a l'habitude de vivre nu et perché sur les arbres, comme certaine tribu de l'Amérique, et qui a, par conséquent, besoin du pied comme organe de préhension, on voit le pouce susceptible de mouvements libres et indépendants, que nous ne pouvons plus exécuter. Büchner cite, comme possédant ce mouvement d'opposition du pouce aux autres doigts du pied, les nains dokos, habitant dans le Schoa méridional, région de l'Abyssinie, et qui grimpent sur les arbres comme des singes; de même les aborigènes des îles Philippines, qui dorment, pendant la nuit, sur des arbres, etc. Beaucoup de nègres se servent de leurs pieds comme organes de préhension, et ils arrivent à saisir avec lui les rameaux des arbres. Dans tous ces cas, le pied se rapproche de la main comme fonction, et, si le pouce n'est pas complètement opposable, il jouit du moins de mouvements très étendus, et ses phalanges peuvent être opposées dans une certaine limite aux autres doigts. Ce caractère, sur lequel on a tant insisté, n'a donc aucune valeur. D'autres, beaucoup plus importants, distinguent le genre humain du genre simien.

Mais il est bon, auparavant, d'établir une classification dans le genre humain : les types qui le composent sont si dissemblables qu'il est impossible de considérer l'homme comme espèce; il constitue un genre. Comment, en effet, ranger dans la même espèce l'homme blanc et le nègre? Entre le nègre, les habitants de certaines régions, telles que la Hottentotie, les îles Vidji et toutes les îles de l'Océanie, et l'homme blanc, d'un côté, et l'Eskimau, par exemple, d'un autre côté; entre tous ces types d'hommes, il y a plus de différences qu'entre le singe anthropoïde et le nègre. Autrement dit, certains nègres se rapprochent plus du singe anthropoïde que de l'Européen; et cependant on ne peut nier que nous ne soyons du même genre que ces êtres de race ou d'espèce inférieure, que beaucoup d'hommes intelligents ont considérés absolument et de bonne foi comme des animaux, et les ont traités comme tels, en les réduisant en esclavage.

Il faut donc, pour pouvoir continuer l'étude du développement progressif des êtres vivants, comparer les singes anthropoïdes aux nègres; et c'est ce dernier qui servira d'intermédiaire pour arriver à l'homme blanc, chez lequel le développement considérable d'un seul organe, le cerveau, a modifié sensiblement, par corrélation, l'organisme entier.

Tous les singes connus de l'ancien monde ont la même denture que l'homme. Tous ceux, au contraire, du nouveau monde, ont une fausse molaire de plus à chaque mâchoire. De plus, ceux de l'ancien monde ont un nez semblable à celui de l'homme, c'est-à-dire deux narines séparées par une cloison étroite, mince et droite; le nez est droit et saillant, ce qui les a fait dénommer les Catarrhiniens. Chez les singes du nouveau monde, la cloison du nez est élargie à sa partie inférieure; les ailes sont peu développées, ce qui rend le nez épaté et à ouverture dirigée en haut : d'où le nom de Platarrhiniens. En outre, chez ces derniers, l'organisation du cerveau est moins parfaite. L'homme descend donc des Catarrhiniens et a plus de ressemblance avec eux que les Catarrhiniens avec les Platarrhiniens.

La poitrine, chez le singe, est étroite, écrasée latéralement. La tête est perpendiculaire à la colonne vertébrale; le trou occipital est situé à la partie postérieure du crâne. Le bassin est étroit; ses parties latérales ressemblent aux omoplates, dont elles ont les mêmes fonctions. Les muscles des membres inférieurs sont grêles; les bras sont très longs, surtout l'avant-bras; l'angle de torsion de l'humérus est faible, ce qui projette le bras en dehors; la cavité olécrânienne est toujours perforée. Le développement de la face l'emporte de beaucoup sur celui du cerveau; celui-ci est refoulé en arrière; son poids est faible. L'angle facial est peu ouvert. L'arcade zygomatique est très développée, très proéminente. Les mâchoires sont inclinées en avant, formant un angle en avant; les dents ont une implantation oblique, ce qui donne le caractère de prognathisme. La saillie du menton n'existe pas; celui-ci est fuyant; à la partie interne, les apophyses géni manquent. Les circonvolutions cérébrales ont le même arrangement que chez l'homme, mais elles sont moins profondes; le cervelet n'est pas recouvert entièrement par les lobes postérieurs du cerveau.

Si l'on compare ces caractères principaux avec ceux du nègre, on voit que ce dernier les reproduit exactement et que sa conformation se rapproche plus de celle de l'Anthropoïde que de l'Européen. Sa poitrine est étroite; son périmètre thoracique, surtout le diamètre latéral, est très inférieur à celui de l'homme blanc. Les épaules sont étroites, les bras très longs, maigres; comparé à la longueur totale de la colonne vertébrale, prise = 100, le membre supérieur de l'Européen a 79, celui du Chimpanzé 96; celui du nègre est entre les deux; la gouttière de torsion de l'humérus peu développée; la cavité olécrânienne perforée 50 fois sur 100 environ. La tête est allongée, la nuque proéminente en arrière, et les muscles qui s'y insèrent, très développés. Le trou occipital est moins près du centre de la base de la tête que chez le blanc. Les hanches sont étroites, les cuisses comprimées, les mollets maigres et peu charnus. Les genoux sont toujours un peu fléchis en avant, et la station n'est jamais complètement verticale. Le ventre est gros, ballonné, pendant. Les os sont à arêtes anguleuses. Le crâne est allongé, le front fuyant, étroit, et les faces latérales aplaties; les protubérances frontales sont peu accusées. Si l'on mesure l'angle facial, on a pour l'Européen de 70 à 85°; le nègre, 67°; certaines tribus de l'Amérique méridionale, 64°; le chimpanzé, 35°; l'orang-outang, 30°; et le saïmiri, 65° (?). Le poids du cerveau est dans les mêmes proportions : 1330 grammes en moyenne chez l'Européen; il n'est que de 1230 chez le nègre africain, de 974 grammes chez le nègre du Cap, 907 grammes chez une Australienne et de 540 grammes chez le chimpanzé. Le nez est large et aplati. Le crâne facial est extraordinairement développé, comparativement au crâne cérébral. Les pommettes des joues sont saillantes; les mâchoires sont proéminentes; leur caractère de prognathisme est dû plutôt à leur disposition qu'à l'obliquité des dents. L'arcade zygomatique et le muscle temporal sont très développés; les apophyses géni ne sont qu'en voie de formation. La saillie du menton est peu marquée. Le cerveau, par suite de son allongement, de son étroitesse dans la partie antérieure et la fuite du front, paraît glisser en arrière, en s'éloignant de la face; et la position des orbites, qui est de beaucoup plus inclinée que chez l'Européen, tend vers la position verticale qu'ils affectent chez la plupart des mammifères. La colonne vertébrale est presque droite; les trois courbures sont à peine accentuées. La main est longue, décharnée, sans saillies, aplatie, sans éminence thénar; le pouce, long et étroit, atteint le milieu de l'index. La cuisse est également courte relativement à la jambe; la jambe est maigre, sans mollets. Le pied est aplati; le cou-de-pied est effacé, le talon large, déprimé, saillant en arrière; le bord externe aplati, les doigts écartés; et le pouce, séparé des autres doigts, est très mobile.

Un autre point de ressemblance très important est le développement comparatif du cerveau chez le jeune singe et le jeune nègre. Le singe, pendant sa jeunesse, est, sous tous les rapports, beaucoup plus semblable à l'homme que lorsqu'il est parvenu à l'âge adulte; et cette rétrogradation apparente vers l'animalité provient essentiellement de ce que, le crâne restant au degré de développement qu'il avait pendant la jeunesse, il n'offre au cerveau qu'un espace invariable, tandis que par contre les mâchoires et avec elles la face se développent considérablement et se prolongent en museau. De même, chez le nègre, à l'âge de la puberté, le développement facial l'emporte sur le développement cérébral, et dès lors ses facultés intellectuelles s'arrêtent; le jeune nègre a beaucoup d'analogie avec le blanc; mais, à l'âge adulte, ses caractères distinctifs l'emportent, et l'intelligence reste stationnaire.

Enfin, tous les singes anthropoïdes africains sont noirs et dolichocéphales, c'est-à-dire à crâne allongé, comme les nègres du même continent. Les anthropoïdes asiatiques, au contraire, sont ordinairement bruns ou jaune-brun et brachycéphales (crâne court), comme les Malais et les Mongols. Ces similitudes semblent donc indiquer une origine commune : l'homme jaune, à tête ronde, brachycéphale, et l'homme noir à tête allongée proviennent donc probablement de formes-mères, analogues, l'une à l'orang-outang, l'autre au gorille et au chimpanzé.

Si nous comparons les crânes fossiles humains avec ceux des singes, nous trouvons les caractères distinctifs encore moins tranchés. Ils sont les types de transition, les types intermédiaires entre le genre simien et le genre humain moderne.

Quand on découvrit, en 1856, un crâne fossile dans la vallée du Düssel qui porte le nom de Néander ou Néanderthal, entre Dusseldorf et Elberfeld, province du Rhin, il y eut d'abord des doutes sur le caractère générique de ce crâne. Une commission fut nommée; et, d'après certains points de similitude, on fut obligé de reconnaître qu'il avait appartenu à une espèce humaine. Les os du crâne sont très épais, le front est très étroit, aplati et déprimé dans une étonnante proportion. Les sinus frontaux sont énormes; la saillie des arcades sourcilières très développée et saillante à un point qui jusqu'alors n'avait été observé dans aucune espèce humaine. De là une expression effroyablement bestiale, sauvage et simienne. Les saillies et les crêtes qui servent de point d'attache aux muscles sont très développées, « d'où l'on peut conclure que l'homme était robuste, fort musclé, mais aussi très sauvage. » Quelques-unes des côtes ont une forme très arrondie et se rapprochant, par la direction de leur courbure, de celles des grands singes anthropoïdes encore imparfaitement constitués pour la marche verticale. Le crâne est très dolichocéphale : le rapport de la largeur à la longueur est 72/100; sa capacité est relativement grande : 1220 centimètres cubes. L'angle facial est de 65 à 66°, tandis que celui d'une espèce simienne, le saïmiri, atteint 60°.

Le crâne de Canstadt, le plus anciennement découvert et dont on ne possède que le frontal et le pariétal droit incomplètement, présente des caractères analogues.

M. Fandel, en 1867, a exhumé du lœss d'Eguisheim une voûte crânienne à caractères plus simiens encore : l'obliquité du front est plus grande, et l'aplatissement supérieur semble plus considérable encore.

La mâchoire trouvée à Moulin-Quignon, près d'Abbeville, par Boucher de Perthes, et celle de la Naulettte ont un caractère de prognathisme qui a disparu déjà dans les races modernes. La saillie du menton de la mâchoire de la Naulette recule au lieu d'avancer, et sa surface interne se dirige en haut et en avant; les apophyses géni font absolument défaut; or, comme c'est sur ces apophyses que s'insèrent les principaux muscles qui servent au langage, on est en droit de penser que cette faculté du langage était peu développée chez ces hommes primitifs.

Ces mâchoires et ces crânes, par leurs caractères tout simiens, prouvent l'existence d'un type intermédiaire — éteint maintenant — entre l'homme actuel et les plus élevés des types animaux connus.

Nous donnons, dans un tableau ci-joint, les mesures comparatives prises sur des Européens, des espèces humaines inférieures et des anthropoïdes. Ces mensurations confirment la description des caractères que nous venons d'énumérer :

TABLEAU DES MENSURATIONS COMPARATIVES, PRISES SUR LE SQUELETTE DES SINGES ANTHROPOÏDES, DES NÈGRES ET DE QUELQUES RACES INFÉRIEURES DES EUROPÉENS.

I. — Cerveau.

1° *Angle facial de Cloquet*, formé par l'intersection de deux lignes, dont l'une passe au niveau du bord alvéolaire supérieur et du conduit auditif externe; l'autre partant du centre du bord alvéolaire supérieur et passant immédiatement au-dessus des arcades sourcilières, au point sus-orbitaire.

Homme blanc (chiffre maximum).......	72°,0
Namaquois —	56 ,0
Chimpanzé —	38 ,6

L'angle facial de *Camper*, formé de deux lignes, l'une horizontale, passant par le trou auditif et le bord inférieur des narines, et l'autre par les deux points les plus saillants de la face, le front en haut, et la face antérieure des dents incisives en bas, donne pour :

Européen..............................	De 70° à 85
Nègre................................	67
Nègre de l'Afrique méridionale........	64
Chimpanzé............................	35
Orang................................	30

L'angle facial de *Jacquart*, déterminé par la ligne horizontale passant par l'épine nasale et le trou auditif, et la ligne verticale par le point sus-orbitaire et l'épine nasale, donne, pour diverses races humaines :

Auvergnats..........................	75°,11
Bretons..............................	76 ,81
Basques..............................	75 ,41
Nègres d'Afrique.....................	74 ,81
Néo-Calédoniens......................	72 ,39

2° *Capacité crânienne :*

D'après Topinard, en centimètres cubes :

Homme :	Mâle	1500
	Femelle	»
Gorille :	Mâle	531
	Femelle	472
Chimpanzé :	Mâle	421
	Femelle	404
Orang :	Mâle	439
	Femelle	418

D'après Carl Vogt :

Homme :	Mâle	1450
	Femelle	
Gorille :	Mâle	500
	Femelle	423
Orang :	Mâle	448
	Femelle	378
Chimpanzé :	Mâle	417
	Femelle	370

Comparativement à diverses races humaines :

	Hommes.	Femmes.
Parisiens (modernes)	1558	1337
Néo-Calédoniens	1460	1330
Nègres de l'Afrique occidentale	1430	1251
Tasmaniens	1452	1201
Australiens	1347	1181
Nubiens	1329	1298

3° *Poids du cerveau :*

Homme (moyenne)	1400	grammes.
Femme —	1250	»
Chimpanzé —	540	»

Comparativement à des hommes de race ou de nationalité différente :

	Hommes.	Femmes.
Anglais	1427	1260
Français	1334	1210
Allemands	1382	1244

	Hommes.	Femmes.
Nègres africains..................	1238	1232
Nègres du Cap..................	974	»
Boschismans..................	»	974
Australiens..................	»	907

Relativement au poids total du corps, il est dans les proportions de :

1 : 36 chez l'homme.
1 : 48 chez les gibbons.

4° *Développement* en surface des *divers lobes* du cerveau :

	Homme.	Orang.
Lobe frontal..................	43,5	36,8
— pariétal..................	16,9	25,1
— temporal..................	21,8	19,6
— occipital..................	17,6	18,5
	100,0	100,0

II. — Membres.

a. — Membres supérieurs.

1° Angle de torsion de l'humérus :

Blanc..............................	168°
Nègre..............................	154
Gibbon..............................	150

2° Proportion du radius à l'humérus (= 100) :

Homme..............................	75,1
Chimpanzé..............................	77,1
Gorille..............................	90,1
Orang..............................	100,0

Chez diverses races humaines, le rapport du radius à l'humérus (= 100) :

Européen..............................	73,93
Nègre..............................	79,40
Andaman..............................	79,2
Javanais..............................	82,0
Tasmaniens..............................	83,5

3° La perforation de la cavité olécrânienne se trouve (sur 100 cas) :

Caverne de l'Homme-Mort (Lozère).....	10,6
Dolmens de la Lozère.................	10,6
Stations de la pierre polie de Vauréal, Orrong et Chamans..................	21,7
Station prégauloise de Campans.......	12,5
Parisiens du IVe au Xe siècle............	5,5
— antérieurs au XVIIe siècle......	4,6
Mérovingiens de Chelles...............	2,0

4° Comparé à la longueur totale de la colonne vertébrale = 100, le membre supérieur, depuis son articulation acromiale jusqu'au poignet inclus, donne les rapports :

Homme..............................	79
Chimpanzé	96
Orang..............................	112
Gorille..............................	115

b. — Membres inférieurs.

1° Le rapport du tibia au fémur (= 100) :

Homme..............................	82,6
Gorille	84,7
Chimpanzé...........................	84,5
Orang..............................	86,6

Comparé chez diverses races humaines, ce rapport est (= 100) :

Européen...........................	79,72
Nègre...............................	81,83
Andaman............................	81,8
Javanais............................	83,0
Tasmanien	84,3
Australien...........................	84,3

2° Comparé à la longueur totale de la colonne vertébrale, le membre inférieur est dans le rapport (= 100) :

Homme..............................	113
Chimpanzé...........................	90
Orang..............................	88
Gorille..............................	96

3° Le rapport du membre supérieur au membre inférieur est = 100) :

Européen	69,73
Nègre	68,27
Andaman	70,3
Javanais	68,9
Tasmaniens	68,2

III. — Bassin.

1° La largeur l'emporte sur la hauteur dans les proportions de (hauteur = 100) :

Homme	28,77
Orang	16 1/2
Gorille	21
Chimpanzé	0

La hauteur l'emporte sur la largeur dans les proportions de (largeur = 100) :

Ruminants	23
Carnassier	32

2° Comparativement chez diverses races humaines, la longueur étant = 100, la largeur est de :

Races blanches	126,2
— jaunes	125
— nègres	121,3

CHAPITRE IV

CAUSES DES DIFFÉRENCES MORPHOLOGIQUES ENTRE LES ANTHROPOÏDES ET L'HOMME

La raison physiologique des modifications du squelette et du corps dans la série animale se trouve dans le développement de fonctions nouvelles. Toutes les fois, en effet, qu'une fonction naît ou se modifie, l'organe qui va être l'agent de cette fonction, se forme ou se transforme dans les conditions les plus favorables pour l'accomplissement de cette fonction. Si, au contraire une fonction n'a plus de raison d'être, l'organe s'atrophie.

Vers l'époque pliocène, un changement radical s'est opéré dans le mode d'évolution des êtres. La sélection naturelle avait, jusqu'à cette époque, porté ses effets sur les organes les plus propres à développer la force physique ; elle avait développé les organes naturels de défense. Son but semble alors changer : toute la perfectibilité se concentre sur un seul organe, le cerveau. La nature semblait avoir atteint le maximum de force physique qu'elle avait donné à l'être, déjà le plus élevé dans l'échelle animale. Les bras, les jambes, le torse se modifièrent peu quant à la constitution et la conformation générale. Mais l'encéphale se développa; la sélection s'était fixée sur lui. Celui-ci augmentant, la capacité du crâne dut suivre cette progression. Et cette modification, si simple en apparence, entraîna avec elle d'autres modifications dans la stature du sujet, dans les proportions des membres, etc.

L'intelligence, proprement dite, réside dans les lobes antérieurs du cerveau, dans les lobes frontaux. Le cerveau déplaça son centre de développement; chez les anthropoïdes, la partie postérieure est très développée; l'antérieure, peu, au contraire. Chez l'homme, l'inverse se montre. Aussi suivons-nous les progrès de ce développement frontal depuis l'homme préhistorique, par l'examen des crânes fossiles que l'on a retrouvés. La partie frontale augmentant, l'angle facial devient plus ouvert; en même temps, la face s'atrophiait proportionnellement au développement du cerveau. Les caractères de bestialité diminuaient, le prognathisme s'effaçait. En étudiant l'angle facial, le degré de prognathisme, le développement des bosses frontales dans les crânes du Néanderthal ou du Cro-Magnon, nous voyons la tendance nouvelle, l'ébauche de la tête moderne, non encore arrivée au point de développement où elle est aujourd'hui. Le nègre actuel nous montre cette phase évolutive : chez lui, l'angle facial est déjà plus ouvert que chez l'orang, moins que chez l'Européen; la tête entière est plus allongée également, parce que la partie antérieure du cerveau ne s'est pas développée latéralement autant que dans la race blanche. Si le lobe frontal, siège de l'intelligence, est plus développé chez l'homme que chez le singe, en revanche, chez ce dernier, le lobe pariétal est plus volumineux; mais son importance semble nulle au point de vue de la pensée.

En même temps que l'homme remplaçait la force physique par la ruse, par les moyens factices que lui suggérait sa nouvelle intelligence, d'autres modifications s'opéraient, comme corollaires de sa nouvelle fonction. Sa taille se redressait, son axe visuel devenait horizontal. Armé de bâtons, de pierres, des armes que son génie naissant lui apprenait à confectionner, il avait avantage à rester debout pour manier ces armes et faire face à ses ennemis : aussi les muscles du tronc se développaient, pour redresser la colonne vertébrale. La tête tenue verticalement et se développant en avant, son centre de gravité se trouvait déplacé, et par suite le trou occipital se portait en avant, pour pouvoir la maintenir en équilibre. Les muscles cervicaux, si puissants chez les quadrupèdes, ainsi que les ligaments supérieurs de la tête, devenus inutiles par suite du déplacement du centre de gravité de la tête, s'atrophiaient. La colonne vertébrale, de rectiligne qu'elle est chez l'anthropoïde, s'incurvait suivant trois courbures, afin de ramener la ligne de gravité de la tête et du tronc dans l'axe de sustentation passant par le bassin.

Dans cette station verticale, la poitrine devait naturellement se développer latéralement; et en même temps la clavicule augmentait de longueur, afin de projeter au dehors l'articulation scapulo-humérale et donner ainsi au bras la plus grande facilité de mouvements. Chez le nègre, qui marche toujours incliné en avant, chez l'orang, se soutenant souvent sur ses membres antérieurs, la cavité cotyloïde est en dedans; la clavicule, par contre-coup, est plus courbe. Chez le singe, prenant souvent un point d'appui sur les bras, ceux-ci devaient être longs, surtout l'avant-bras; chez l'homme, ils diminuèrent de longueur, par suite de la perte de cet usage; chez le nègre, qui a encore les caractères primitifs de cette transformation, ils tiennent le milieu comme longueur entre ceux du blanc et ceux de l'anthropoïde. Les mains, ne servant plus que d'organes de préhension et non de sustentation, diminuèrent de longueur, par suite de la perte de leurs fonctions de locomotion; mais ses muscles, les éminences thénar et hypothénar prirent du développement. En revanche, les membres inférieurs, ayant seuls à soutenir tout le poids du corps, s'allongèrent, et leurs muscles se développèrent : aussi, dans la race blanche, les cuisses, les fesses, où s'insèrent les muscles de la marche, et les mollets devinrent très gros; le nègre a encore sous ce rapport le cachet de son origine : il est encore de nature simienne.

Le bassin, ayant à soutenir tous les viscères abdominaux, s'élargit sous cette pression et perdit, en hauteur, ce qu'il gagnait en largeur.

Le nègre et toutes les races inférieures se rapprochent autant de l'anthropoïde que de l'homme blanc, au point de vue du développement du cerveau et surtout de ses circonvolutions, puisque le poids du cerveau d'une Australienne est de 907 grammes, tandis que celui du chimpanzé est de 540 grammes. De là, et comme conséquence de ce peu de développement du cerveau, comme loi corrélative, la différence dans la morphologie du corps : le nègre se rapproche de l'orang par le cerveau ; donc il s'en rapproche aussi par l'aspect du corps.

Quand une fonction quelconque cesse d'être nécessaire, chez un individu, à son existence, quand elle n'a plus sa raison d'être, l'organe correspondant s'atrophie. C'est ce qui explique pourquoi l'homme a encore des restes d'organes qui sont très développés chez certaines espèces animales et qui chez lui, n'ayant plus leur raison d'être, n'existent plus qu'à l'état de vestiges et comme trace de son passé. Tels sont les muscles de l'oreille, très développés chez les espèces qui ont le pavillon de l'oreille mobile et qui diminuent quand l'oreille perd sa motilité. Ces organes rudimentaires sont, d'ailleurs, toujours plus gros, relativement aux parties voisines, chez l'embryon que chez l'adulte. De même, nous avons à l'angle interne de l'œil un petit repli membraneux, tout à fait inutile et qui est le vestige de la troisième paupière, paupière clignotante, très développée et recouvrant le globe de l'œil chez certains vertébrés ; de même aussi l'appareil vermiculaire du cœcum, très long chez les herbivores, et, chez nous, organe inutile et court.

C'est par la même raison que la queue et les poils ont disparu chez l'homme. On a fait bien souvent cette objection, d'ailleurs plus souvent répétée que sérieuse, que les animaux sont couverts de poils, ont un appendice caudal, et que ces deux caractères n'existent pas chez l'homme. D'abord, ils existent, mais à l'état rudimentaire, comme les organes que nous venons d'énumérer. La queue, développée chez les quadrupèdes, a pour but de chasser les mouches, les insectes qui se posent sur les parties du corps que l'animal ne peut atteindre ni par les dents ni par les membres ; chez quelques singes, elle sert, en outre, d'organe de préhension, et ils s'en servent comme d'un cinquième membre pour s'accrocher aux branches d'arbre et s'y suspendre. Mais, dans ce cas, elle devient beaucoup plus puissante ; ses muscles et par suite son volume augmentent. Chez les singes anthropoïdes, qui se tiennent souvent debout, chez qui les membres antérieurs, devenus plus libres dans leurs mouvements, ne servent plus uniquement à la marche, la queue devient inutile ; avec leurs bras, ils peuvent la remplacer dans ses fonctions : aussi elle s'atrophie chez l'orang, le chimpanzé, le gorille et le gibbon. Ceux-ci ont, comme nous, des vertèbres caudales variant de trois à six comme nombre, mais ne faisant pas saillie à l'extérieur, contenues dans le bassin. Ces raisons qui ont fait disparaître la queue chez les singes, par suite d'inutilité, se sont continuées chez l'homme.

Les poils servent à protéger les animaux contre le froid et les intempéries de l'air. Si l'on remplace ce vêtement naturel par un artificiel, le premier, devenu inutile, diminuera et même, après de nombreuses générations, finira par disparaître. Les poils existent chez l'homme, mais ont diminué en longueur et en épaisseur ; leur ligne d'implantation est chez lui la même que chez tous les animaux. La règle est d'ailleurs la même chez toutes les espèces qui en sont pourvues : ainsi, les poils de la partie interne et inférieure de l'avant-bras sont dirigés de bas en haut, comme on l'observe dans le bras poilu du singe.

L'homme primitif a dû être couvert complètement de poils longs et soyeux, alors qu'il vivait à l'état de nudité. Nous en avons la preuve dans ce fait que, pendant sa vie fœtale, l'homme est très velu à partir du sixième mois environ, et que ce caractère persiste jusqu'aux premières semaines après la naissance. La disparition des poils a donc dû se faire bien après que la différenciation des autres caractères simiens se fût accentuée, puisque ces poils, qui n'apparaissent que tardivement, persistent longtemps chez le fœtus et ne disparaissent même qu'après la naissance. L'homme a donc dû conserver ses poils, alors que tous les autres caractères ataviques avaient déjà disparu, et celui-ci est le dernier qui se soit effacé.

Toutes les parties du corps ne sont pas également velues chez l'homme et les animaux, et les raisons en sont les mêmes chez l'un comme chez les autres. En effet, d'après M. Grant-Allen, un fait général chez tous les animaux est que les parties constamment exposées au frottement se dénudent de poils : ainsi, presque tous les animaux se couchent sur le ventre ; aussi cette partie est relativement privée de poils ; chez les singes se servant de la queue comme organe de préhension, la partie prenante de la queue est nue ; de même, la plante des pieds et la paume des mains sont glabres. L'homme est un des rares animaux se couchant sur le dos ou cherchant un point d'appui en appuyant cette partie sur un corps résistant, un arbre par exemple. Aussi est-ce cette partie qui a dû, la première, perdre ses poils; cette perte est due à une pression longue et continue contre un corps dur qui a usé les poils, et ces effets se sont transmis héréditairement. En outre, c'est cette région que l'homme a songé à abriter la première; le premier vêtement du sauvage est toujours une peau jetée sur les épaules et recouvrant le dos. Le gorille, qui, d'après du Chaillu, se repose souvent le dos appuyé contre un tronc d'arbre, a les poils bien moins fournis sur le dos que sur le ventre. Le frottement semble donc être une cause de disparition des poils. Toutes les parties du corps qui ne supportent aucun frottement sont bien plus velues que les autres. Chez l'homme, c'est la poitrine et la partie antérieure des jambes; en revanche, le dos et les fesses, sur lesquels nous nous appuyons pendant le jour et pendant la nuit, sont dépourvus en partie de poils. Il y a donc deux raisons de la disparition de poils : l'une, due à la cessation d'utilité et spéciale à l'homme ; l'autre, qui est une loi physiologique, la même chez l'homme que chez tous les animaux, et qui est que toute partie exposée à un frottement se dénude.

CHAPITRE V

DE L'APPARITION SUCCESSIVE DES ANIMAUX SUR LA TERRE D'APRÈS LES RECHERCHES GÉOLOGIQUES

Les connaissances géologiques confirment les phases évolutives du genre humain. Si l'on pouvait faire une coupe idéale de la terre, on verrait à chaque couche successive apparaître des êtres nouveaux, à organes de plus en plus nombreux et spécialisés, par conséquent plus perfectionnés. Les espèces les plus simples, celles auxquelles correspond l'embryon humain de quelques jours, se trouvent dans les couches les plus profondes; les organismes, au contraire, se rapprochant du nôtre, sont dans les couches les plus superficielles. Entre ces deux extrêmes sont les êtres d'abord à respiration aquatique, puis ceux à respiration aérienne. Dans les terrains les derniers formés se trouve seulement, comme être nouveau, l'homme. On trouve beaucoup de types intermédiaires, de transition, chez lesquels on voit les tendances des organes à se modifier; malheureusement, les recherches géologiques sont encore trop incomplètes, pour qu'on puisse reconstituer toutes les formes. En outre, beaucoup de terrains, autrefois continents, sont actuellement submergés et renferment peut-être des fossiles dont la découverte apporterait des preuves nouvelles et certaines.

Ci-dessous le tableau des terrains, divisés en terrains primitifs ou de transition, terrains secondaires, tertiaires et quaternaires, chacun subdivisé en époques, avec les fossiles qu'ils contiennent :

I. — Terrain primitif ou de transition.

1re *époque.* — Terrain cumbrien : pas de fossiles, les animaux existant à cette époque n'ayant pas de squelette ou de tégument pouvant résister à l'action destructive du temps.

2e *époque.* — Terrain silurien : quelques coquillages; échidnées; mollusques acéphales; polypiers.

3e *époque.* — Terrain dévonien : coquilles bivalves; brachiopodes.

II. — Terrain secondaire.

4e *époque.* — Terrain carbonifère : énormes poissons appelés sauroïdes, dont les dents, fortes et striées longitudinalement, rappellent, aussi bien que tout le reste du système osseux, les reptiles des plus grandes dimensions, squales à dents propres à broyer; les vrais squales, à dents aplaties et tranchantes, n'existaient pas encore.

5e *époque.* — Terrain pénéen : poissons, reptiles, reptiles sauriens, voisins des genres vivants iguanes et monitor.

6e *époque.* — Terrain keuprique ou trias : poissons, grands sauriens, énormes lézards, batraciens.

7e *époque.* — Terrain jurassique, deux groupes : 1° lias : sauriens dont l'ostéologie rappelle à la fois les lézards, les crocodiles, les poissons, les mammifères, et dont les pieds, en forme de rames, annoncent une habitation aquatique, ichthyosaures, plésiosaures, mégalosaures, ptérodactyles, genre de saurien que la forme de la tête et du cou rapproche des oiseaux, dont le tronc et la queue se rapportent aux mammifères ordinaires; ils peuvent marcher et voler;

2° système oolithique : marsupiaux, cétacés (premiers mammifères).

8e *époque.* — Terrain crétacé inférieur : squales énormes; sauriens gigantesques, entre autres le monstrueux iguanodon, qui mesurait vingt mètres de longueur.

9e *époque.* — Terrain crétacé supérieur : cétacés se rapportant aux lamantins et aux dauphins : mososaure, de Maëstricht.

III. — Terrain tertiaire.

10e *époque.* — Terrain parisien : nombreux mammifères : anaplothérium, paléothérium, pachydermes divers.

11e *époque.* — Terrain de molasse : mastodontes, dynothérium, rhinocéros, hippopotame, castor, écureuil, singe.

12e *époque.* — Terrain subapennin : carnassiers, cavernes à ossements contenant : ours des cavernes, hyènes, jaguars; première apparition de l'homme.

IV. — Terrain quaternaire.

1° Diluvium.

Epoque glaciaire :
- Epoque palæolithique, ou silex taillé : race dolichocéphale.
- Epoque néolithique, ou pierre polie : race brachycéphale.

2° Alluvium, dépôt moderne.

Ainsi, le terrain primitif ne contient que des coquilles. Dans le terrain carbonifère apparaissent, par ordre de succession, les poissons, puis les poissons sauroïdes, intermédiaires entre les poissons et les reptiles. Dans le terrain pénéen, les reptiles, et des animaux de forme intermédiaire entre les reptiles proprement dits et les sauriens; ceux-ci ont leur forme définitive dans le trias. Dans le lias, on trouve les restes fossiles du Ptérodactyle, première ébauche de l'oiseau; et ces sauriens dont le squelette se rapproche de plus en plus de celui des mammifères, le Plésiosaure. Enfin, dans le terrain jurassique, on trouve les mammifères de l'organisation la plus inférieure, les Marsupiaux. Ces mammifères se perfectionnent, et on trouve déjà des Pachydermes dans le terrain parisien, et les Singes dans le terrain de molasse. On trouve des restes d'hommes, enfin, dans les cavernes à ossements du terrain supérieur, dans le terrain subapennin.

Donc, la succession d'apparition des êtres sur la terre suit le même ordre que celui que nous avons déjà vu dans l'évolution embryonnaire humaine : 1° poissons, 2° reptiles, 3° sauriens, 4° oiseaux, 5° mammifères à organisation inférieure, 6° mammifères supérieurs, singe, et enfin homme.

Mais aucune espèce nouvelle n'apparaît d'emblée avec ses caractères définitifs. Entre chaque groupe existent des types de transition, chez lesquels on trouve les caractères du groupe précédent, modifiés déjà pour s'adapter à un nouveau genre de vie. Les caractères distinctifs propres à chaque espèce ne se spécialisent qu'à la longue. Citons-en quelques exemples :

On a trouvé moulé dans les pierres lithographiques de Solenhofen, en Bavière, dans les terrains jurassiques supérieurs, le squelette d'un animal dont la conformation sert d'intermédiaire entre les sauriens et les oiseaux ; il a autant de caractères de l'un que de l'autre. Ce n'est que plus tard, dans la succession géologique des temps, que l'oiseau aura ses caractères propres, aura perdu l'empreinte de son origine, de sa conformation ancestrale de saurien adapté au vol.

Ce type intermédiaire, très précieux et très curieux, est l'archéoptérix macroura, décrit minutieusement par Carl Vogt : la tête, le coup, le thorax avec les côtes, la queue, la ceinture thoracique, tout le membre antérieur, sont franchement construits comme chez les reptiles. Le bassin a plus de rapport avec celui des reptiles qu'avec celui des oiseaux. La patte postérieure est celle d'un oiseau. Les homologies reptiliennes dominent dans le squelette, sous tous les rapports. Mais l'animal est couvert de plumes, dont les empreintes sont parfaitement conservées dans la pierre tendre de Solenhofen. Ce sont des plumes à rachis central, à barbules très bien formées. Les rémiges des ailes sont fixées au bord cubital du bras et de la main; elles sont recouvertes, jusqu'à moitié de leur longueur, à peu près, par un duvet fin et filiforme; l'aile est arrondie dans ses contours, comme celle des poules. Le tibia est couvert de plumes dans toute sa longueur. L'archéopterix portait donc des culottes, comme nos faucons, avec les jambes desquels sa jambe a le plus de ressemblance. Tout le reste du corps, tête, cou, tronc, était uni et dépourvu de plumes. L'archéopterix est donc oiseau par le tégument et par les pattes postérieures, et reptile par tout le reste de son organisation.

Les Ptérodactyles, de l'époque jurassique, ont des caractères communs aux sauriens, aux oiseaux et aux mammifères. Ce sont des reptiles à queue très courte, à cou très long, à museau fort allongé et armé de dents aiguës, portés sur de hautes jambes, et dont l'extrémité antérieure a un doigt excessivement allongé, portant une membrane propre à les soutenir en l'air, accompagné de quatre autres doigts de dimension ordinaire, terminés par des ongles crochus.

Les genres Lepidosiren et Protoptère offrent la transition la plus évidente entre les poissons et les amphibies, et ils ont été alternativement rangés dans l'un ou l'autre de ces ordres. Le Lepidosiren, existant encore actuellement, vit, pendant l'hiver, dans l'eau, et respire par ses branchies; pendant la saison sèche, il s'enfouit dans une argile desséchée et respire l'air par des poumons, comme les amphibies et les vertébrés supérieurs.

Le Dinotherium se rapproche, par sa conformation, autant des pachydermes que des ruminants.

Un débri de mâchoire, trouvé dans les argiles de Londres, par M. Owen, fut primitivement regardé comme appartenant au singe; plus tard, elle fut reconnue comme étant celle d'un petit pachyderme, tant est grande l'affinité entre les premiers représentants de groupes de mammifères qui paraissent maintenant des plus distincts.

DEUXIÈME PARTIE

L'HOMME CONSIDÉRÉ AU POINT DE VUE MORAL

Nous avons suivi l'évolution de la vie, depuis sa première manifestation dans la Monère jusqu'à l'homme. Nous avons vu celui-ci conserver, dans sa vie embryonnaire, la marque indélébile de sa première provenance. « La série des formes diverses que tout individu d'une espèce quelconque parcourt, à partir du début de son existence, est simplement, dit Hæckel, la récapitulation courte et rapide de la série des formes spécifiques multiples par lesquelles ont passé ses ancêtres, les aïeux de l'espèce actuelle, pendant l'énorme durée des périodes géologiques. »

Une fois arrivée à l'homme, la perfectibilité organique semble s'arrêter : les modifications subies par les organes extérieurs sont légères; la conformation du squelette est acquise. C'est alors que l'homme a remplacé la force brutale par la force intellectuelle; au lieu de perfectionner le corps, la sélection n'a plus agi que sur un seul organe, le cerveau. Celui-ci s'est développé; et par sa suprématie intellectuelle, par les moyens de défense que son génie inventif a su multiplier, l'homme a été à même de lutter contre des ennemis plus forts que lui, et, dans cette lutte à mort, il a dû les supplanter.

Au début, ses moyens de défense et d'attaque étaient bien simples : quelques pierres plus ou moins grossièrement taillées, des armes toutes faites qu'il savait perfectionner, des bâtons, telles furent ses premières armes, qui lui donnèrent cependant la victoire dans la lutte pour l'existence.

Ce furent, cependant, ces premières manifestations d'une intelligence qui se forme, qui nous semblent actuellement si inférieures qu'elles nous surprennent, qui furent le point de départ de ces belles inventions qui nous surprennent également, mais par l'élévation et la puissance du génie qui les a conçues. Ces progrès furent tels que maintenant nous semblons avoir honte de notre origine première et que nous voulons trouver pour l'homme une source surnaturelle, divine, spéciale. Et nous voulons répudier, au point de vue psychique surtout, toute parenté avec les animaux.

Si nous sommes obligés, par l'étude de l'anatomie comparée, de convenir qu'au point de vue morphologique il y a une analogie incontestable entre l'homme et les anthropoïdes, et, en descendant la série, avec les autres animaux, au moins voulons-nous nous réserver pour nous seuls l'intelligence, ce que nos philosophes appellent orgueilleusement l'étincelle divine, et nous ne voulons accorder aux animaux que l'instinct, c'est-à-dire une volonté, ou même, d'après quelques auteurs, un raisonnement, en tout cas et toujours inconscient.

Disséquons la pensée, comme nous l'avons fait pour le corps; analysons-la; voyons son embryologie, son développement progressif, prenons-la à l'état fœtal, en voie de formation chez les races inférieures, et nous verrons là encore confirmée la grande loi de l'évolution.

Les facultés, dont certaines écoles font l'apanage de l'homme, sont : la notion innée du bien et du mal, ou conscience, la religiosité, le langage, l'intelligence.

CHAPITRE PREMIER

NOTION INNÉE DU BIEN ET DU MAL

Où est le bien ? où est le mal ? Problème qui semble immense et insoluble, base de toutes les discussions des philosophes ! et problème facile à résoudre, cependant, si, au lieu de s'adonner aux vaines spéculations d'une rhétorique hypothétique, on ne veut examiner que les faits qui peuvent servir de base, pour établir une loi générale ! Les philosophes — quelle que soit leur école — ont discuté sur des idées purement subjectives, oubliant que l'étude seule de la nature peut donner la clef de ce mystère. Au lieu de discuter sur l'idée innée, — système incompréhensible, — étudions donc les premières manifestations de notre intelligence, non pas chez les populations policées, où l'enfant naît avec des tendances idéales héréditaires, mais chez les peuples à l'enfance de l'évolution humaine. Les documents manquent, malheureusement, pour nous donner une idée exacte de ce qu'était la morale chez l'homme préhistorique ; mais voyons cette morale chez les tribus qui se rapprochent le plus de l'homme primitif, tant par leur organisation physique et anatomique que par leur organisation sociale ; elles nous montrent, en effet, les débuts de l'humanité. Et, si nous voyons qu'un même fait est toujours et partout réputé mauvais, nous serons en droit de dire que nous avons en nous une donnée psychique qui nous permet de différencier le bien du mal ; que si, au contraire, l'acte que nous réprouvons dans notre société est considéré comme bien chez un autre peuple, nous n'avons plus alors aucun critérium auquel nous puissions soumettre la moralité de nos actes.

Mais ce critérium — que les philosophes spiritualistes ont voulu à toute force trouver dans une idée *innée*, notion suprême, sceau d'une création divine — est essentiellement variable, selon une foule de circonstances variables elles-mêmes à l'excès. La principale cause de variation est dans l'état social.

Examinons d'abord les principaux actes de la vie, considérée au point de vue affectif, sensitif et social. — J'ai emprunté à l'excellent *Traité de sociologie* du Dr Letourneau la plupart des faits suivants, dont l'exposé était indispensable pour pouvoir en tirer des conclusions :

I. *Infanticide.* — Dans toute la Mélanésie, l'infanticide se pratiquait et se pratique encore fort largement, surtout pour les enfants du sexe féminin. Le même fait est également fréquent dans toute l'Australie. Chez certaines tribus de l'Afrique méridionale, les indigènes disposent, pour prendre les lions qui les inquiètent, de grandes trappes en pierres, et amorcent ces pièges avec leurs propres enfants. Même règle chez les habitands de Follindochie, dans la vallée du Niger, et chez les Zolas de la Sénégambie. Dans toute la Polynénie, aux îles Sandwich, on ne conservait jamais que deux ou trois enfants; les autres étaient étranglés ou enterrés vivants; de même à Taïti. Dans beaucoup de tribus américaines, on ne comptait pas davantage la vie des enfants. Les Yurucarès et les Moxos de l'Amérique méridionale n'avaient aucun scrupule d'immoler, selon leur propre gré, les enfants qui étaient une gêne pour eux. Les Eskimaux d'Amérique et du Kamtschatka mettent à mort les enfants difformes. Qui ne connaît la vieille coutume de la Chine d'abandonner les enfants du sexe féminin ? Ce sont également les filles qui sont sacrifiées dans les tribus de l'Inde s'étendant de l'île de Ceylan à l'Himalaya. Cette coutume de sacrifier les enfants nouveau-nés est donc répandue encore chez un grand nombre de peuples, pour des raisons qui sont à peu près les mêmes chez toutes ces pauvres races primitives, raisons que nous exposerons plus loin.

II. *Avortement.* — Si, chez les peuples que nous venons de passer en revue, l'infanticide est permis, l'avortement l'est encore bien davantage. Aussi nous ne répéterons pas l'énumération ci-dessus. Nous citerons cependant, en plus des tribus précédentes, celles habitant l'île Formose, tribus relativement élevées et chez lesquelles ce sont des prêtresses qui sont chargées de ce soin. Dans la Plata, les Payaguas font encore avorter leurs femmes, dès que celles-ci leur ont donné deux fils vivants.

III. *Meurtre.* — Chez les peuples que nous allons citer, le meurtre a eu et a encore — chez beaucoup d'entre eux — sa raison d'être dans l'anthropophagie. Les Australiens tuent toutefois, de préférence, les femmes pour les manger. A la Nouvelle-Guinée, le cannibalisme est fréquent. Les Vitiens engraissent des esclaves, destinés à leur servir de mets, et tout repas officiel devait avoir un plat d'homme ; ils mangeaient souvent leurs propres femmes. Dans la Nouvelle-Calédonie, le chef mangeait ses propres sujets, quand les razzias, faites dans les combats sanglants que les tribus voisines se livraient entre elles dans ce but unique, ne donnaient pas une réserve suffisante d'aliments. De même, en Afrique, outre les tribus cannibales d'ordinaire, certains peuples, les Zoulous, reviennent volontiers à cette vieille coutume d'anthropophagie ; il en est de même des Niam-Niam du haut Nil. Dans la Polynésie, les Néo-Zélandais, très friands de chair humaine, n'attendent pas, sur le champ de bataille, que leur ennemi blessé soit complètement mort pour le dépecer. « La chair humaine est tendre comme du papier, » disait au voyageur Earle un de leurs chefs, d'ailleurs très doux et très affable. Aux îles Sandwich, un chef disait en riant à Cook que la chair humaine était un mets des plus savoureux. Les premiers missionnaires français, chez les Peaux-Rouges, y trouvèrent le cannibalisme encore en honneur. Chez les Moutka-Colombiens, un chef était tellement friand de chair humaine qu'à chaque nouvelle lune il faisait tuer un esclave pour le manger dans un festin offert à des chefs de rang inférieur.

Si, quittant ces peuples primitifs, nous nous rapprochons des temps modernes, nous voyons également des exemples de meurtre ayant pour but l'anthropophagie. L'historien arabe *Abd-Allatif* raconte une famine qui désola l'Égypte, l'an 597 de l'hégire (1200), et pendant laquelle on se livrait à la chasse à l'homme et surtout de l'enfant, dont la chair, plus tendre, était préférée. Dans les temps plus rapprochés, durant une famine de trois ans, en France, vers 1030, on allait également à la chasse à l'homme. Pierre de L'Estoile raconte que, pendant le siège de Paris par Henri IV, en 1590, les lansquenets donnaient la chasse à l'homme dans les rues de Paris et faisaient des repas de cannibales à l'hôtel Saint-Denis et à l'hôtel Palaiseau. Une dame riche, ayant vu mourir de faim ses deux enfants, en fit saler les cadavres par sa servante, avec laquelle elle les mangea.

IV. *Cruauté.* — On excusera peut-être tous ces faits de meurtre par le besoin de se nourrir. « Ventre affamé n'a pas de lois. » Mais comment expliquer que, chez tous ces mêmes peuples, la vue du supplice d'un homme et de ses tortures, et des actes de cruauté sans nom, est recherchée avec bonheur ? Un Vitien appelé Loti dévora sa femme après l'avoir fait cuire sur un feu que, par son ordre, elle avait préparé elle-même. Dans toute l'Australie, dans la Mélanésie, on ne se soucie nullement de la vie humaine. Dans la Sénégambie, selon Mungo Park, on s'y étudie au mal comme à une science ; on se complaît dans la vue des souffrances des autres. Chez certaines peuplades de l'Amérique centrale, la férocité du caractère est partout le trait dominant. Nicolo Conti raconte que, en 1430 encore, chez les Malais, lorsqu'un d'entre eux achetait un sabre, il l'essayait volontiers en le plongeant dans la poitrine du premier venu. Dans les temps modernes, au moyen âge, au temps des supplices effroyables que subissaient les condamnés à mort, la foule se ruait à ce spectacle ; les places, pour y assister, se vendaient aux enchères ; les femmes surtout semblaient trouver plaisir dans la vue de la souffrance de ces malheureux.

V. *Pudeur*. — La pudeur est un sentiment tout moderne. Il est complètement inconnu chez les Fuégiens et les Australiens, qui vont nus et ne se couvrent que contre le froid, sans souci de la pudeur. Chez les Tasmaniens, nul ne songe à cacher aux regards la moindre partie de son corps, de même chez les Ashiras de l'Afrique équatoriale, les Chaymas de l'Amérique centrale, etc. Chez les peuples auxquels le froid ou des raisons quelconques ont donné l'habitude de se couvrir, le sentiment de la pudeur n'en existe pas toujours pour cela : à Taïti, les femmes se découvraient de la ceinture en bas, par politesse ; une jeune princesse, faisant une traversée dans une chaloupe de Cook, voulut s'assurer *de visu* que les Européens étaient conformés, en tous points, comme les hommes de son pays. En Afrique, la reine de la tribu des Appinghis, à qui du Chaillu avait donné une pièce d'étoffe, se déshabilla immédiatement devant lui, afin d'essayer le cadeau. Au Kamtschatka, les femmes, fort vêtues d'ailleurs, accouchent, sans la moindre vergogne, à genoux, en plein public. D'ailleurs, le sentiment de la pudeur se déplace facilement quant au siège : en Chine, c'est le pied que la femme ne doit pas montrer ; à Basora, sur l'Euphrate, le devoir d'une femme surprise au bain était de se couvrir le visage, sans se soucier du reste.

VI. *Amour filial et respect des parents.* — S'il est de nombreux peuples chez lesquels la mère sacrifie volontiers ses enfants, la réciprocité des sentiments d'attachement existe généralement des enfants aux parents. Les Battas de Sumatra mangeaient pieusement et cérémonieusement leurs vieux parents, en ayant soin de choisir une saison où « les citrons étaient abondants et le sel bon marché ». Au jour fixé, le vieillard destiné à être mangé, montait sur un arbre, au pied duquel se groupaient les parents et les amis. Ceux-ci frappaient en cadence le tronc de l'arbre et chantaient un hymne dont le sens général était : « Voilà la saison venue ; le fruit est mûr, qu'il tombe. » Puis le vieillard descendait ; ses amis et ses proches parents le tuaient, et les assistants le mangeaient. On lit dans Hérodote que les Massagètes assommaient et mangeaient, par compassion, leurs vieux parents ; chez eux, les vieillards mourant de mort naturelle étaient considérés comme des impies, et leur cadavre abandonné aux bêtes fauves. Les Issédons, à l'est de la Scythie, avaient des coutumes analogues.

VII. *Amour maternel.* — Ce que nous avons dit de l'avortement, de l'infanticide prouve suffisamment combien est faible l'amour maternel chez de nombreuses races d'hommes. Cependant un fait général est celui-ci : Si l'enfant n'a pas été tué à sa naissance, la mère le nourrit et a pour lui les plus grands soins. Mais ces sentiments affectueux ne durent que pendant le temps de l'allaitement, qui d'ailleurs, dans ces cas, est toujours fort long ; il dure généralement de cinq à six ans : un nourrisson des îles Marquises était un cigare de sa bouche avant de teter. Une fois que l'enfant peut pourvoir lui-même à ses moyens d'existence, il est complètement abandonné par les parents qui ne sont même plus capables de reconnaître dans une tribu leurs propres enfants. Ces faits s'observent, d'une façon absolue, chez les peuples qui n'ont pas de mariage, dans le sens que nous attachons à ce mot, chez ceux qui s'accouplent sans union sociale avec la femme.

Que conclure de ces quelques faits? C'est que la morale n'est pas une et qu'elle est essentiellement variable suivant les peuples, les traditions, les coutumes et les besoins. Il n'y a pas de critérium pour juger si un acte est bon ou mauvais : il n'y a pas en nous d'idée innée de justice et de morale. L'infanticide, réprouvé chez certains peuples, est approuvé et en honneur chez d'autres. Tel acte même, approuvé dans une société à certaines époques, est blâmé par cette même société quelques années plus tard ; exemple : toutes les guerres de religion.

La morale, d'ailleurs, varie suivant l'état social de l'homme. Elle n'est pas, elle ne peut pas être la même, suivant que celui-ci vit isolément ou en société. Elle varie suivant que l'on considère : 1° l'individu ; 2° la société ; 3° l'espèce. La règle de conduite, observée suivant ces trois conditions, est absolument la même chez l'homme que chez les animaux.

Si, nous reportant par la pensée vers l'époque pliocène, nous cherchons à nous représenter l'existence que menaient alors nos premiers ancêtres, premier type humain à forme simienne, nous comprendrons alors que chez eux devaient exister seuls et exclusivement ces deux sentiments primordiaux de tous les êtres doués de la vie, sentiments s'imposant et seuls vrais : conservation de l'être et reproduction de l'espèce. Cet homme, première ébauche humaine, n'avait qu'un but à atteindre : se nourrir et se reproduire. Ce programme, d'ailleurs, était bien suffisant pour occuper son existence entière : les premiers efforts de son intelligence furent dirigés vers ce seul point. En effet, vivant seul, nu, sans armes, sur un terrain non cultivé et fournissant peu de produits propres à son alimentation, il avait à lutter constamment contre des animaux énormes, puissants, le Mégathérium, le Mammouth, l'Ours des cavernes, etc. Et qu'avait-il comme armes ? Des pierres, des bâtons, des os travaillés. Et nous admirons encore le courage de ces hommes si mal doués au point de vue de la force physique et des moyens artificiels de défense, et nous ne comprenons pas comment, si faibles, ils purent non seulement lutter contre des ennemis si redoutables, mais même arriver à les détruire. Que d'efforts et de persévérance ne durent-ils pas dépenser !

A cette époque, l'homme vivait seul : sa nourriture était presque exclusivement animale ; il vivait du produit de sa chasse, de sa pêche ; le sol ne produisait presque pas de végétaux alimentaires. La famille n'existait pas : avait-il, d'ailleurs, le temps de s'occuper de ses enfants ! Tout son temps était pris par cette occupation unique : se procurer une nourriture. Il s'accouplait, il est vrai ; mais, quand l'enfant pouvait chasser, c'était à lui seul que revenait le soin de sa propre subsistance. Dans cette lutte continuelle, sans rémission, quoi d'étonnant que ce principe seul ait dominé : « La force prime le droit. » Le plus faible était forcément sacrifié. Ces hommes étaient anthropophages, comme le prouvent les restes de leurs repas, trouvés dans certaines régions. Les premières recherches inventives de leur génie furent pour se créer des armes : telle fut pendant très longtemps leur seule industrie.

Chez cet homme, semblable à l'anthropoïde, étant constamment en lutte tant pour se défendre que pour chercher dans la mort de ses voisins, hommes ou animaux, les moyens de ne pas mourir de faim, la morale se réduisait à ce principe : Tout ce qui tend à la conservation de l'individu est bien.

Ce n'est que plus tard, lorsque des groupes d'hommes, réunis dans un même but de défense, constituèrent des tribus, que ce principe s'élargit. Le bien fut alors tout ce qui contribuait à la conservation de cette tribu. L'intérêt de l'individu dut être sacrifié à celui de la tribu. Trouvant dans l'union avec ses semblables des moyens plus avantageux pour la lutte, il dut — en compensation de ces avantages — faire taire ses désirs personnels. Il fallut, d'un commun accord, établir des lois, des conventions auxquelles chaque individu devait se soumettre ; chacun avait dès lors droit au secours de tous : un homme devait s'engager, au besoin, à se sacrifier pour le bien des autres, s'il voulait pouvoir compter sur eux d'une façon constante. Cet engagement, — que tout homme devait prendre, à moins de rester seul dans la lutte et par conséquent d'être inévitablement perdu, puisque les tribus, les groupes s'associaient, — cet engagement, quelque pénible qu'il fût, était nécessaire ; il s'imposait comme une conséquence de cette nouvelle organisation. Ce fut là l'origine de l'idée de charité et de dévouement avec abnégation. De même, autrefois, tout homme offensé avait droit à une réparation de la part de l'offenseur ; celui-ci lui devait une compensation : maintenant encore, d'après le Koran, pour un meurtre involontaire, l'offenseur doit vingt chameaux à la famille du défunt ; chez d'autres peuples, les Fuégiens par exemple, chacun a le droit de faire de l'offenseur son esclave. Quand l'état social fut plus élevé, que les tribus furent régulièrement organisées, ce furent elles qui se chargèrent d'imposer à l'offenseur la réparation qu'il devait à l'offensé, sans permettre à celui-ci d'intervenir lui-même : de là l'idée de justice. « Le mot peine, en latin *pœna*, vient du grec ποίνη, dont le sens littéral veut dire « compensation » (Littré). La société se substitua donc à l'individu pour la réparation de l'outrage.

Plus tard encore, les groupes devinrent plus nombreux ; les tribus s'associèrent entre elles ; la société se forma. Les lois se multiplièrent également ; on dut établir des conventions pour que chaque groupe soumît son intérêt propre à celui du plus grand nombre. Ces conventions se transmirent par tradition, puis héréditairement ; et, à force d'habitudes, de transmission héréditaire, nous en sommes arrivés à les considérer comme nécessaires et fatales.

Le sauvage moderne se rapproche beaucoup et à tous points de vue de l'homme primitif. Comme, chez lui, les lois de morale collective n'existent pas ; la morale — au début de son évolution — est tout individuelle. Chez eux, il n'y a pas, non plus, de mariage, dans le sens que nous attachons aujourd'hui à ce mot ; par suite, il n'y a pas de famille. Chaque individu vit pour lui seul. Aux îles Andaman, l'homme et la femme restent ensemble jusqu'à ce que l'enfant soit sevré ; ils se séparent alors, et chacun d'eux recherche un nouveau compagnon. Les Bojesmans, dans l'Afrique méridionale, ne connaissent pas le mariage. Chez les Nairs, dans l'Inde, personne ne connaît son père. En Californie, selon Baëgert, les sexes s'accouplent sans aucune formalité. Tous ces peuples en sont à la morale individuelle, égoïste : la société, en effet, n'existe pas encore.

Quand elle fut organisée, des lois, que nous réprouvons aujourd'hui, mais qui étaient alors nécessaires, s'imposèrent, quelque terribles qu'elles fussent. L'infanticide fut une des premières nécessités de cette nouvelle organisation. En effet, Darwin a démontré que la progression des espèces était géométrique, tandis que les aliments croissent dans une proportion arithmétique. Si, dans de telles conditions, on n'eût pas mis un frein à la fécondité et à la reproduction de l'espèce, les vivres n'auraient pas tardé à faire défaut dans un temps très court. Ceci n'a plus sa raison d'être, maintenant que, les moyens de communication étant multipliés, nous empruntons à des pays pauvres en habitants le surplus de la production du sol pour des pays plus peuplés. Mais à l'époque où se formèrent les premières sociétés, les communications avec les pays voisins étaient nulles : chaque groupe était parqué dans un district restreint et devait trouver, dans l'endroit où il était né, les ressources propres à l'entretien de la vie. Aussi l'infanticide est une chose toute naturelle, nécessaire, forcée, dans ces sociétés primitives et chez les sauvages actuels, qui en sont une reproduction exacte. C'est la conséquence de la grande loi naturelle, — à laquelle nul ne peut se soustraire : — la lutte pour l'existence. Et nous ne pouvons qu'approuver et trouver bien dans ces conditions ce que nous réprouvons dans d'autres cas. Ainsi, ils ne faisaient qu'obéir à la nécessité et à l'intérêt du plus grand nombre, les habitants de Tikopia, île de sept milles de tour seulement, qui s'imposaient l'obligation de n'épargner que deux de leurs enfants mâles. De même, et pour la même raison, les insulaires de Radak mettaient à mort le troisième ou au moins le quatrième enfant de chaque femme. « *Salus populi, suprema lex.* » On peut citer encore, comme agissant par les mêmes raisons, les Todas de l'Inde. Schiller a, d'ailleurs, exprimé cette pensée par ces mots : « En attendant que les philosophes sachent gouverner le monde, c'est la faim et l'amour qui se chargent de ce soin. »

L'anthropophagie est également une nécessité inhérente à la pauvreté des ressources alimentaires et ne peut être désapprouvée dans certains pays où elle est pratiquée. Elle est, en effet, en usage dans les pays où les mammifères comestibles manquent ou sont rares : telles sont les îles de l'océan Pacifique, le continent australien. « Il y a longtemps, disait parfois un chef de ces tribus à son peuple, que nous n'avons mangé de viande. » De là des guerres, des atrocités, qui dans l'état de notre société doivent être réprouvées, mais qui alors avaient leur raison d'être, puisqu'elles avaient pour but la conservation de l'espèce. A la Nouvelle-Calédonie, pendant longtemps, il n'existait pas d'autre mammifère que la grande chauve-souris, la roussette; à la Nouvelle-Zélande, le seul animal comestible était le chien. Les ressources, on le voit, étaient faibles, et qui songerait à trouver mal qu'un être cherchât dans la nature les moyens de conserver et de propager son espèce?

Quant à la polygamie, que quelques peuples, en minorité toutefois, réprouvent, elle a sa raison d'être par des causes analogues. Chez les Hottentots, les femmes sont plus nombreuses que les hommes; aussi la polygamie y existe-t-elle; les efforts tentés par les missionnaires restent infructueux, car ils ne peuvent détruire une conséquence d'une loi naturelle. En revanche, la polyandrie existe dans les pays où les hommes sont plus nombreux que les femmes : ainsi, chez les Cingalais de Ceylan, les Tottizars de l'Inde, au Thibet, etc.

Ainsi donc, quel que soit l'acte que nous regardons aujourd'hui comme coupable ou mauvais, il a toujours été, au début, provoqué par une loi imposée par le besoin ou la nature. Il ne saurait donc être blâmé.

Si nous passons de la société au genre humain en général, nous verrons les mêmes lois sociales et morales que nous considérons comme vraies par rapport à la société, devenir fausses par rapport au genre humain considéré dans son ensemble. Si nous n'admettons pas dans une tribu, à un individu en particulier, le droit de se venger, de se faire justice lui-même, nous reconnaissons ce droit de tribu à tribu ou de nation à nation. Mais si nous supposons une fusion complète, un groupement de toutes les nations ensemble, nous serons obligés de trouver mauvaises ces mêmes lois que nous appliquons maintenant de pays à pays, car elles n'auront plus leur raison d'être. Si nous ne permettons pas l'homicide d'homme à homme, nous le permettons, nous le trouvons légal et moral d'un groupement d'hommes à un autre groupement d'hommes, c'est-à-dire d'une nation à une nation. Que celles-ci soient toutes fusionnées, unies entre elles, nous ne permettrons plus l'homicide, quel que soit le motif, quelles que soient les conditions dans lesquelles il se pratiquera. Car nous veillerons alors, non plus, comme nous le faisons actuellement, à la conservation des individus d'une seule et même région, d'une société, mais à la conservation du genre.

En résumé, au début de l'évolution humaine, l'homme, vivant seul, et ne trouvant de ressources qu'en lui-même, obéissait à une loi naturelle, à la conservation de l'individu en sacrifiant tout à lui, à ce qui pouvait contribuer à son bien-être, à sa conservation. Plus tard, organisé en groupes, puis en tribus, puis en sociétés, il dut obéir aux conventions qui semblèrent favoriser dans les meilleures conditions possibles le développement de cette société; et, dans beaucoup de cas, il doit, pour le bien-être de cette société à laquelle il appartient, faire le sacrifice de l'individu dans l'intérêt de tous. Plus les sociétés s'augmentent, plus les conventions humaines destinées à les protéger, se multiplieront, et plus, par conséquent, s'élèvera, s'agrandira la loi morale, c'est-à-dire le dévouement et l'abnégation d'un plus grand nombre dans l'intérêt du genre homo, sous peine d'exclusion de cette société, et de mort.

Cette loi progressive, loi d'évolution, est vraie chez les animaux comme chez l'homme. Quand l'animal vit seul, il n'a d'autre souci que la recherche de sa nourriture ; il se complaît même dans les souffrances de sa victime, comme le font les sauvages cannibales vis-à-vis d'un ennemi prisonnier, et ce plaisir provient de l'accomplissement d'un besoin naturel. L'animal ne tue toutefois que pour le besoin de son alimentation ; le carnassier ne se met en chasse, en quête de chair, que quand il est poussé par la faim. Quand il ne vit pas en groupes, il n'a aucun sentiment de dévouement. Mais si plusieurs individus de la même espèce se sont réunis ensemble, s'ils se forment en tribu, nous voyons s'établir entre eux les mêmes lois de morale, les mêmes conventions s'appuyant sur les mêmes données : le sacrifice de l'individu, pour le plus grand avantage de la société. Et nous observons, comme chez l'homme, la solidarité, le dévouement, la charité. Les exemples en sont nombreux. Mais dès que la société n'existe plus, que les raisons qui l'ont fait se former cessent d'être, chaque individu redevient essentiellement égoïste et ne s'occupe plus que de sa conservation propre. Comme exemple de ce dernier fait, tout le monde connaît les habitudes des castors : ceux-ci se réunissent au mois de juin, au nombre de deux ou trois cents, pour exécuter certains travaux destinés à maintenir constant le niveau des eaux dont ils habitent le bord; il importe, en effet, pour ces animaux, de pouvoir abriter leurs provisions dans l'eau par des barrages, car, à l'air libre ou dans des terriers, les fragments d'écorces ou de tendres rameaux ne se conserveraient pas dans un état de fraîcheur convenable. Pour cela, ils se réunissent, ils abattent plusieurs des arbres qui poussent sur le bord de l'eau, les dépouillent de leurs branches; puis ils plantent des pilotis. Tandis qu'un castor tient un pieu verticalement, d'autres creusent la terre au pied, enfoncent le pieu et l'enterrent en partie. Ils lient ensuite les pieux à l'aide de rameaux flexibles, et enfin complètent leur travail en recouvrant le tout d'une sorte de mortier qui lui donne la solidité nécessaire. Le barrage fini, ils se séparent, chacun se retire dans sa hutte; mais, quand ils sont réunis, l'entente est parfaite; les jeunes ont le travail le plus facile, les vieux le plus pénible. L'individu, dans cet exemple, a donc dû travailler et se sacrifier dans l'intérêt de tous.

Pour d'autres animaux, le groupement, la formation de la société sont indispensables, sous peine d'extinction de l'espèce. Ils sont incapables, étant seuls, de pouvoir soutenir avec avantage la lutte pour vivre. Telles sont les abeilles, les fourmis. Les abeilles ont un chef, la reine, à laquelle toutes obéissent docilement; chez elles aussi, des castes : les unes sont ouvrières, et tout le monde travaille pour le bien de la société. Chez les fourmis, un grand nombre s'associe dans un but de défense commune; chacune apporte son activité à l'œuvre de la société, sans s'inquiéter davantage de savoir si elle profitera de ce travail ; nous observons également chez elles la même tendance que chez l'homme à attaquer les tribus voisines des leurs. Certaines variétés, adonnées plus spécialement à la guerre et qui ont besoin d'esclaves pour exécuter leurs travaux, agissent de la même manière que nous : elles ne marchent pas comme une foule tumultueuse, quand elles attaquent, mais dans un ordre parfait; les rangs se pressent sans se confondre. Dans ces expéditions, le sacrifice des individus a incontestablement un caractère volontaire. « La lutte est parfois féroce, le massacre complet. Il y a des morts, des mourants, des blessés. La bataille terminée, les fourmis belliqueuses pénètrent par toutes les issues dans la fourmilière, s'engagent dans les couloirs et emportent les larves qu'elles rencontrent. Ces larves deviendront les esclaves des fourmis vainqueurs. » (Houzeau). « On a vu aussi des éclaireurs donner au gros de l'armée des informations qui l'ont fait changer de route; et des observateurs dignes de foi ajoutent que dans des circonstances critiques des fourmis quittent quelquefois le champ de bataille pour retourner à la fourmilière, et que leur arrivée est suivie presque aussitôt du départ de renforts nombreux. » (Lubbock.)

N'est-ce pas là l'image de ce que nous voyons tous les jours dans le genre humain : le sauvage, manquant de vivres ou de bras pour ses récoltes et allant attaquer les tribus voisines pour y chercher des esclaves qu'il mangera au besoin? Les loups, lorsqu'ils sont affamés, concentrent leurs efforts pour attaquer une proie redoutable. Les grands singes, le gorille particulièrement, s'unissent pour la défense générale, et ils parviennent, par ce moyen, à mettre en fuite les animaux sauvages des forêts; ils s'arment de pierres, de bâtons, agissent avec ensemble et s'emparent littéralement du canton qu'ils viennent habiter; il n'y a pas jusqu'à l'éléphant qui ne recule devant eux. Ils doivent leur force à l'entente, à la discipline; et malheur à qui recule devant l'attaque! celui-là est impitoyablement mis à mort par les autres; l'obéissance, le dévouement, l'abnégation sont une règle absolue, et l'individu se doit à l'espèce. Ces exemples de discipline s'observent même chez les oiseaux, qui ont aussi une sanction pénale.

Un des faits les plus curieux de ce genre est raconté par le docteur Edmonston; on voit de temps à autre, dans le nord de l'Ecosse et des îles Feroë, des réunions nombreuses de corneilles (*corvus coronæ*) : « Ces meetings continuent parfois pendant un jour ou deux, avant que leur objet, quel qu'il puisse être, soit atteint. Les corneilles ne cessent d'arriver pendant ce temps de tous les côtés. Lorsqu'elles sont toutes réunies, un grand bruit s'élève, et peu après toute la masse tombe sur un ou deux individus et les met à mort; l'exécution accomplie, la foule se disperse tranquillement. »

Ces quelques exemples suffisent pour montrer que la loi morale est la même dans toute la série animale; que le bien et le mal sont choses variables à l'excès et sont différents selon que l'on considère l'individu pris isolément ou en société. Si on le considère vivant isolément, le bien est tout ce qui concourt à la conservation de l'individu; si on le considère vivant en société, le bien est tout ce qui favorise le bien-être de la société; la morale a débuté par l'égoïsme bien entendu, puis s'est modifiée, perfectionnée, en suivant l'évolution sociale qui a transformé l'intérêt de l'individu en celui de la famille, puis de la tribu, puis de la société.

CHAPITRE II

RELIGIOSITÉ

Aristote a dit : « Ce qui distingue l'homme, c'est la faculté de reconnaître quelque chose de plus élevé et de meilleur que lui. » C'est là une des meilleures définitions de ce que l'on doit entendre par le mot religiosité. Il faut étendre et généraliser autant que possible le sens de ce mot. Tout homme qui reconnaît une force supérieure à la force humaine, une intelligence supérieure à la sienne, un ordre établi savamment et dans un but déterminé dans la nature, celui-là fait preuve de la faculté de religiosité.

Cette idée, ainsi comprise et quelque généralisée qu'elle soit, fait défaut chez un grand nombre de peuples, ou plutôt y faisait défaut avant l'importation chez eux d'étrangers chez lesquels cette faculté s'était déjà développée et qui l'y ont transmise. « Il est évident, dit M. Bik, que les Arafuras de Vorkay (une des îles Aru méridionales) n'ont aucune espèce de religion. Ils n'ont pas la moindre notion de l'immortalité de l'âme. A toutes mes questions à ce sujet, ils répondaient :

« Aucun Arafura n'est revenu après sa mort; nous ne pouvons donc pas savoir s'il y a une vie future; c'est d'ailleurs la première fois que nous en entendons parler. » Chez les Cafres Koussas, d'après Lichtenstein, aucune trace d'un culte religieux, quel qu'il soit. En parlant des Californiens, le Père Baegert dit : « J'ai interrogé de toutes les façons ceux avec qui je vivais, pour savoir s'ils avaient quelque idée d'un Dieu, d'une vie future, de l'existence de l'âme; mais je n'ai pu découvrir la moindre trace de semblables connaissances. Leur langage n'a pas de mots pour exprimer « Dieu » et « âme ». Opinion confirmée par de La Peyrouse, Colden et Hearne qui a vécu longtemps parmi eux. « On a découvert, dit Robertson, plusieurs tribus de l'Amérique qui n'ont aucune notion d'un être suprême et aucune idée religieuse. La plupart n'ont aucun mot dans leur langage pour exprimer l'idée de la divinité. » Selon Hearne, observateur excellent, qui avait à sa disposition tous les moyens de juger en connaissance de cause, les Indiens de la baie d'Hudson n'ont aucune idée d'une vie future. Les habitants des îles Andaman, décrits par le Dr Monak, sir Belcher et le professeur Owen, n'ont aucune idée d'un être suprême, ni religion, ni croyances à une vie future. D'après Crantz, les Eskimaux du Groënland « n'ont ni religion ni culte, et l'on ne remarque chez eux aucune cérémonie qui y ressemble. » Don Félix de Azara, qui a vécu longtemps chez les Indiens, dit d'eux qu'ils n'ont aucune idée religieuse, principalement certaines tribus. Dans l'Afrique centrale, Caillé dit en parlant des Foulahs de Vassoulo : « J'essayai de découvrir s'ils avaient une religion à eux, s'ils adoraient des fétiches, le soleil, la lune ou les étoiles; mais je ne pus découvrir chez eux aucune cérémonie religieuse. » En parlant des Bambaras, il ajoute que, « comme le peuple de Vassoulo, ils n'ont aucune religion. » Burton exprime la même opinion relativement à quelques tribus des lacs de l'Afrique centrale. — En parlant des Hottentots, Le Vaillant dit : « Je n'ai vu aucune trace de religion. » Livingstone raconte qu'une fois, après avoir causé quelque temps de Dieu avec un Boschiman, il s'aperçut que le sauvage pensait qu'il parlait de Sekomi, le chef principal du pays. Au Gabon, les femmes chantaient dans une fête, en exécutant des danses fort lascives : « Tant que nous sommes vivants et bien portants, soyons gais; chantons, dansons, et rions. Car, après la vie, vient la mort, et alors le corps pourrit, le ver le mange, et tout est fini pour toujours. »

L'idée religieuse n'est donc pas innée; elle n'est pas générale chez tous les hommes; beaucoup en sont absolument dépourvus, et nous sommes en droit d'en conclure qu'elle n'existait pas, ou du moins qu'elle existait faiblement chez l'homme primitif, dont l'image parfaite est le sauvage actuel.

Elle s'est développée progressivement, lentement, et les sources où elle a pris naissance sont multiples. On voit la religiosité naître chez certaines tribus peu avancées en évolution par le concours de circonstances et de raisonnements bien différents. Beaucoup de religions, toutefois, ont la même base.

Chez grand nombre de sauvages, l'idée de religion s'associe à l'état de l'homme pendant le sommeil et surtout aux rêves. A toutes les époques et chez tous les peuples, le sommeil et la mort ont semblé étroitement unis : le sauvage regarde naturellement la mort comme une espèce de sommeil et s'attend à voir son ami s'éveiller de ce dernier sommeil, comme il l'a vu si souvent s'éveiller de l'autre. Le phénomène des songes le confirme dans ces idées; aussi leur attache-t-il une grande valeur. « Les songes, dit Burton, ne sont pas, selon les Yorubans (Afrique occidentale) et beaucoup d'autres idolâtres, une action irrégulire, une activité particulière du cerveau, mais autant de révélations faites par les mânes de ceux qui sont morts. » Aussi ils y attachent une foi réelle. Nous observons la même croyance chez les Indiens de l'Amérique du Nord, les Eskimaux. Les Veddahs de Ceylan croient aux esprits, parce que leurs parents morts les visitent en songe; les Marganjas basent sur le même fait leur croyance à une vie future. M. Sproat dit, en parlant des indigènes du nord-est de l'Amérique : « Une apparition de fantômes est l'occasion de grandes cérémonies auxquelles doivent assister les sorciers, les vieilles femmes et les amis de l'individu qui a vu le fantôme. » Ce fantôme se révèle toujours, d'ailleurs, par des rêves.

Une autre source très curieuse d'idée religieuse est dans l'ombre projetée par un homme. Et cependant ce point de départ à la croyance d'esprits supérieurs, d'une âme, se retrouve chez des peuples très éloignés les uns des autres. Ainsi, quelques Vitiens pensent « qu'un homme a deux esprits; ils appellent l'ombre l'Esprit noir » (William). Les Indiens de l'Amérique du Nord ont les mêmes croyances.

« Je les ai entendus une fois, dit Tanner, reprocher à un convalescent de s'exposer à l'air, en lui disant que son ombre n'était pas tout à fait séparée de lui. » Dans ce simple fait, ne voyons-nous pas déjà l'origine de l'âme immatérielle des religions modernes, âme quittant le corps après la mort ; chez ces Indiens, pendant la maladie, elle a déjà de la tendance à se séparer de lui. Les indigènes de Bénin appellent « conducteur » l'ombre d'un homme ; ils croient qu'elle portera témoignage sur sa bonne ou mauvaise vie.

Chez ces peuples, il y a donc déjà un pas énorme fait vers la religiosité. Peu importent les circonstances qui ont fait naître l'idée, elle n'en existe pas moins. Un corps matériel, et une forme immatérielle, indépendante de lui, se séparant de lui à la mort et lui survivant : voilà les données d'une philosophie spiritualiste.

Cette crainte de l'inconnu, du surnaturel, est le germe de l'idée religieuse. Une fois celle-ci née, aussitôt des hommes, supérieurs aux autres en intelligence, ont exploité cette tendance; ils ont créé le culte à proprement parler, les rythmes religieux. Chez ces peuples sauvages, à imagination facile à frapper, ils ont pu aisément s'identifier avec les esprits ou les dieux avec lesquels ils se disaient en communication; ils devinrent des sorciers; plus tard, ce furent des prêtres. Le culte était indispensable; il fallait fixer l'idée par une chose le représentant; de plus, il donnait une puissance énorme à ses ministres. Aussi ces peuples ont-ils pour les représentants de leur religion, pour leurs sorciers, une crainte dans laquelle il entre quelque chose de surnaturel. Ainsi les nègres du Gabon et du haut Nil n'attribuent jamais la mort qu'à quelque maléfice des sorciers. Ceux-ci, d'ailleurs, abusent vite de cet ascendant. Et que de sacrifices humains, ordonnés par eux, n'avaient pour but qu'une vengeance personnelle ! Aux îles Sandwich, le prêtre avait le droit de loger de malveillants esprits dans le corps de ceux qu'il voulait perdre ou punir. Dans la Polynésie, sur un signe d'un prêtre, tout individu, surtout de la classe inférieure, pouvait être saisi et sacrifié aux dieux. Pour empêcher les hommes de se séparer de ces idées, qu'ils avaient tout intérêt à maintenir, ils promirent à leurs sectaires, à leurs partisans des récompenses que, incapables de donner sur la terre, ils assurèrent dans une vie future. En revanche, à ceux qui faisaient opposition à leur pouvoir, toujours grandissant, promesse de châtiments *post mortem*. D'ailleurs, les joies qui attendent les élus dans le paradis sont toujours la répétition de ce qui les flatte sur la terre. Pour l'Australien, dans le paradis, il vivra sous la forme d'un homme blanc, car il le considère comme supérieur à lui sur terre, et il jouira de ce qu'il regarde comme la suprême béatitude, c'est-à-dire de la faculté de fumer du tabac à volonté. Pour le Néo-Calédonien, c'est un lieu de délices, tout plein d'ignames, où l'on festine et où l'on danse toujours, où l'on peut se venger de ses ennemis..... Pour le Taïtien, le plus grand attrait du paradis résidait dans les plaisirs amoureux avec des femmes toujours jeunes et toujours belles. Pour le pauvre Eskimau, le paradis, où le soleil brille toujours, est rempli de veaux marins, de poissons, d'oiseaux aquatiques qui se laissent prendre avec complaisance. En outre, tous les peuples habitués à avoir des esclaves, et chez lesquels existe la polygamie, doivent retrouver dans leur paradis un nombre considérable de serviteurs et de femmes : de là l'habitude, répandue chez toutes ces tribus, de sacrifices humains proportionnés au rang et à l'importance du chef qui mourait; ces victimes, immolées sur la tombe, devaient lui servir d'escorte et contribuer à son bonheur dans le séjour des morts, en lui continuant leur service.

Si, laissant de côté ces religions toutes locales et en voie de formation, nous ne considérons que celles qui ont pris un développement considérable et ont beaucoup de partisans, et si nous cherchons à pénétrer le mystère derrière lequel elles s'abritent, les symboles sous lesquels se cachent les idées primordiales qui les ont fait naître, cette analyse nous conduira à voir que toutes celles-ci ont la même origine : le culte du soleil, astre qui est la source de la lumière et de la chaleur, dont les rayons bienfaisants apportent la vie sur notre planète, et dont la disparition entraîne, avec les ténèbres, le deuil et l'inquiétude. D'après les auteurs qui ont étudié les langues orientales, tous les noms des anciennes divinités n'expriment qu'une seule et même idée relative au soleil et aux astres ou aux épithètes qu'on leur donnait; et tous les noms des divinités grecques et romaines sont dérivés de certains mots égyptiens, phéniciens, chaldéens, assyriens ou persiques, qui tous signifient soleil, ou un adjectif exprimant une épithète donnée au soleil. Plus tard, ces peuples primitifs personnifièrent ces adjectifs et en firent autant de divinités spéciales, ce qui donna lieu au polythéisme, duquel naquit, par dérivation, la mythologie.

« En Egypte, par exemple, le dieu se nommait Apis et Ammon, c'est-à-dire astre. Puis tous les Orientaux ont donné le même nom, ou un dérivé de celui-ci, au père de la nature et de toute production : du mot Ammon, ils ont fait dériver les noms de leurs dieux, Ammon, Oman, Omin, Imon et Ar-iman. Le mot français « adorer » signifie proprement soleil; il vient de l'oriental « or », lumière ou soleil levant. » (De Brosse.)

La même opinion a été soutenue et démontrée vraie avec un talent remarquable par Dupuis, dans son immortel ouvrage *De l'origine de tous les cultes*. Une étude exacte, détaillée, impartiale, de toutes les croyances religieuses, l'a amené à cette conclusion. Je ne peux pas donner une analyse complète de ce savant ouvrage; je me bornerai à donner quelques conclusions de l'auteur, relativement à son étude comparée de la religion chrétienne : « Deux époques principales du mouvement solaire ont frappé tous les hommes. La première est celle du solstice d'hiver, où le soleil, après avoir paru nous abandonner, reprend sa course vers nos régions, et où le jour, dans son enfance, reçoit des accroissements successifs. La seconde est celle de l'équinoxe du printemps lorsque cet astre vigoureux répand la chaleur féconde dans la nature, après avoir franchi le fameux passage, ou ligne équinoxiale, qui sépare l'empire lumineux de l'empire ténébreux, le séjour d'Osmud de celui d'Ahriman. C'est à ces deux époques qu'ont été liées les principales fêtes des adorateurs de l'astre qui dispense la lumière et la vie dans le monde. » Etudiant les symboles sous lesquels se cache l'origine de la religion chrétienne, il prouve que l'histoire prétendue d'un Dieu, qui est né d'une vierge au solstice d'hiver, qui ressuscite à Pâques ou à l'équinoxe du printemps, après être descendu aux enfers; d'un Dieu qui mène avec lui un cortège de douze apôtres, dont le chef a tous les attributs de Janus, d'un Dieu vainqueur du prince des ténèbres, qui fait passer les hommes dans l'empire de la lumière et qui répare les maux de la nature, est une fable solaire. « D'après les termes formels de la cosmogonie, dit Dupuis, le mal introduit dans le monde est l'hiver. Quel en sera le réparateur? Le Dieu du printemps, ou le soleil dans son passage sous le signe de l'Agneau, dont le Christ des chrétiens prend les formes, car il est l'agneau qui répare les malheurs du monde, et c'est sous cet emblème qu'il est représenté dans les monuments des premiers chrétiens. On ne dit pas, il est vrai, chez les Juifs, que le serpent amena l'hiver, qui détruit tout le bien de la nature; mais on dit que l'homme sentit le besoin de se couvrir et qu'il fut réduit à labourer la terre, opération qui correspond à l'automne. La naissance du Christ arrive au moment où les anciens célébraient celle du soleil ou de Mithra, et elle arrive sous l'ascendant d'une constellation qui, dans la sphère des Mages, porte un jeune enfant appelé Jésus. »

La religiosité est une faculté du cerveau qui ne se développe que progressivement, comme toutes les autres facultés, le langage, le raisonnement, etc. Sa marche est régulière, et l'on en suit les progrès à travers les âges de l'humanité. Faible et même nulle encore chez différents peuples, les plus reculés, les plus attardés dans la voie du développement intellectuel, on la voit se manifester sous des formes primitivement très simples, tel que nous l'avons vu chez certaines tribus de l'Afrique occidentale et quelques Indiens de l'Amérique du Nord. Puis elle évolue, suivant la loi fatale du progrès; et, chez les esprits les plus élevés, la religion n'est plus la crainte du surnaturel; elle est raisonnée, discutée, et n'est plus alors, sous la forme la plus élevée de la philosophie, que le culte des lois de la nature. « Le crétin stupide, dit Carl Vogt, ne fait nulle attention au tonnerre; le niais en a peur, comme d'un phénomène naturel puissant dont il ne peut deviner la cause; le païen déduit d'un x inconnu un Dieu du tonnerre; le chrétien convaincu fait tonner son maître suprême, et l'homme intelligent, qui connaît la physique, fait lui-même tonnerre et éclairs, lorsqu'il peut disposer des appareils nécessaires. »

Tout esprit ne voulant pas accepter aveuglément des croyances imposées et contraires à sa raison, qui remplace une religion de mystères par une théorie, quelle qu'elle soit, matérialisme ou positivisme, fait preuve de religiosité. Cette faculté se transmet héréditairement comme toutes les autres : et le philosophe qui, par l'étude des lois immuables de la nature, est parvenu à saper la foi surannée de ses pères, subit malgré lui l'influence héréditaire de cette faculté; car, dans nos sociétés modernes et civilisées, elle ne peut pas plus s'atrophier que celle du langage. La négation *raisonnée* de la religion prouve l'existence, dans l'organe du cerveau, de la fonction spéciale et distincte : la religiosité.

Nous avons vu les premières traces des principales facultés humaines exister en germe chez les animaux supérieurs. La religiosité existe aussi chez eux. Chez bien des peuples primitifs, quels sont leurs dieux, si ce n'est des héros, des chefs, des êtres supérieurs à eux? ils ont de la tendance à déifier, à adorer comme un être d'une nature supérieure tous ceux qui savent leur inspirer la crainte et le respect. « Dans la plupart des villes et des villages africains, dit Lander, on me traitait comme un demi-dieu. » Dans les îles de la Société, on a montré à Cook un Dieu sous forme humaine; c'était le dieu de l'île de Borabora, un simple vieillard qui n'avait en lui rien d'extraordinaire. Les Hawaïens n'hésitèrent pas à adorer Cook et à lui décerner les honneurs divins; la mort même de ce célèbre voyageur ne désabusa point les insulaires. Tous les Polynésiens ont de la tendance à déifier leurs chefs après leur mort. Un chef de Somosomo disait à M. Hunt : « Si vous mourez le premier, je vous prendrai pour mon dieu. » Les noms des anciens rois d'Assyrie ne sont qu'un amas de titres honorifiques qui montrent que, chez ces peuples, les rois étaient presque considérés comme des dieux : « Sardanapale ne veut rien dire autre que rex dominus deus (roi, maître, dieu); Nabuchonodosor, prophète ou divinus dominus rex, le roi maître divin. » (De Brosse.) N'est-ce pas un sentiment analogue qui doit animer bien des animaux vis-à-vis des êtres humains qui leur sont si supérieurs en intelligence et devant lesquels ils se prosternent, dont ils reconnaissent la supériorité; de même que les Indiens de l'Amérique du Sud, frappés de la férocité et de la puissance physique du jaguar, en ont fait un dieu? Burnus a-t-il donc eu tort quand il a dit : « L'homme est le dieu du chien! voyez comme il l'adore, avec quel respect il se couche à ses pieds, avec quelle vénération il le regarde, avec quelles délices il le cajole, avec quel joyeux empressement il lui obéit! » Regardons ce sauvage devant ses idoles, adorant un jaguar ou un éléphant blanc, le barbare prosterné sur les coudes et les genoux devant son sultan, et nous n'apercevons pas de différence essentielle entre les marques de respect de l'homme inférieur pour ses empereurs ou ses dieux, et celles que le chien adresse à l'homme.

Nous avons vu l'adoration du soleil être la base de presque toutes les religions; mais tous les animaux n'ont-ils pas de même un culte pour cet astre, et le chant matinal de l'alouette n'est-il pas un cantique d'actions de grâces? Dès que les premiers rayons du soleil ont dissipé les ténèbres de la nuit, ne voit-on pas tout ce qui vit sur terre s'animer, secouer la torpeur et la frayeur qu'amène la nuit, et manifester par des chants, par des cris, par des marques incontestables d'allégresse, sa reconnaissance pour l'astre bienveillant. C'est un culte que l'oiseau célèbre par ses chants joyeux quand apparaît l'aube.

L'idée de la mort, qui est regardée également comme un indice de religiosité chez l'homme, existe chez bien des animaux. Sans rappeler le chant du cygne, ne voyons-nous pas une preuve de la prévision de la mort, dans ce fait que beaucoup d'animaux, dans l'état de liberté, se retirent pour mourir dans quelque endroit solitaire. Dans certaines espèces, le Lama (Auchenia guanaco) par exemple, tous les individus, sentant leur fin approcher, se retirent du troupeau et vont tous mourir à la même place et y entasser leurs os. La femelle de mammifère, blessée à côté de ses petits, et les léchant, versant des larmes et les soignant avec plus de sollicitude que jamais, n'annonce-t-elle pas qu'elle voit approcher la mort? D'après le Pharmacopée, il y a en Chine une espèce de Quadrumane, appelé Khi-doc, singe rouge brun, qui va en troupe et vit en amitié; quand un de la bande vient à mourir, les autres accompagnent ses funérailles. Purkas, parlant du Pongo (Gorilla gina) d'après le témoignage de Battell, dit que cette espèce vit en troupes et que, si l'un des individus de la troupe vient à mourir, les autres le couvrent de grands tas de branches et de ce bois mort qui est partout commun dans les forêts. N'est-ce pas là un rite funéraire? N'est-ce pas de la religiosité? En agissant ainsi, ce quadrumane n'indique-t-il pas un sentiment religieux plus élevé, un respect de la mort plus grand que le Cafre jetant le cadavre de ses proches dans une fosse ouverte, à une certaine distance du kraal, et où il laisse aux chacals et aux hyènes le soin du reste; ou encore que les Siamois du peuple, jetant sans cérémonie leurs morts à l'eau.

La religiosité n'est donc pas une faculté exclusive du genre humain; en outre, elle n'existe pas chez toutes les races. Mais on en voit l'apparition chez les animaux dont l'organisation cérébrale se rapproche le plus de celle de l'homme. Comme la notion du bien et du mal, elle est soumise à l'évolution; elle se perfectionne. La religion se dégage déjà des ténèbres dont on avait eu besoin de l'envelopper. Elle tend à cesser d'être une religion de mystères. La science, d'ailleurs, porte son flambeau partout : et au lieu d'abaisser le sentiment religieux, en soumettant ses dogmes au crible de la raison, elle l'élève et l'ennoblit.

CHAPITRE III

LANGAGE

Dans l'étude de la formation du langage, nous n'avons qu'à suivre l'ordre que nous avons suivi précédemment : étudions le développement progressif de cette faculté, d'abord chez les animaux inférieurs, puis chez ceux doués d'un organe du larynx, puis enfin chez les mammifères supérieurs. Et nous verrons que le langage n'est arrivé à l'état parfait que lentement, progressivement, et qu'il conserve encore chez l'homme, soit pendant son enfance, soit chez les races sauvages, le caractère de sa formation évolutive et nullement spontanée.

Le langage est la faculté qui permet de transmettre la pensée d'un être à un autre.

A ce titre, et comme tel, on doit ranger les attouchements que se font entre eux, à l'aide d'organes sensibles, certains animaux, dans le but de se communiquer leurs impressions. Les fourmis, par exemple, savent parfaitement, à l'aide de signes spéciaux, se prévenir entre elles d'un danger qui menace la communauté; qu'un accident ait détruit leurs magasins, on les voit s'agiter; celles qui ont été témoins du fait s'éloignent, arrêtent leurs camarades; et, à l'aide de leurs antennes mues dans tel ou tel sens et mises en contact avec les antennes d'une autre fourmi, elles l'avertissent; on les voit toutes alors, même celles éloignées du lieu de l'accident, qui n'ont pu l'observer, mais qui en ont été informées par le toucher des antennes, on les voit accourir, inquiètes; l'accident est rapidement connu de toutes. Dans d'autres cas, quand l'une d'entre elles a découvert quelque chose à manger, elle frappe fortement avec ses antennes toutes les camarades qu'elle rencontre, et celles-ci la suivent bientôt à l'endroit où le butin a été découvert. On ne peut nier, d'après ces faits d'observation journalière, qu'elles ne se soient très bien comprises entre elles, qu'elles n'aient échangé leurs pensées. Dans les ruches d'abeilles, chez tous les animaux vivant en société, des faits analogues sont relatés par les observateurs les moins habiles. Le naturaliste Charville observait un jour un escarbot croque-mort (Necrophorus vespillo), qui voulait enfouir une souris morte; mais, comme cet insecte était trop faible pour la tâche, il le vit s'envoler et revenir, quelques instants après, avec quatre autres escarbots de son espèce qui se mirent aussitôt à l'œuvre.

Par le toucher d'organes sensibles, voilà donc déjà un mode de communication. Si, nous élevant dans la série animale, nous observons les animaux doués d'un larynx, les faits sont plus significatifs.

Un langage existe, en effet, entre les individus d'un même

genre, langage que nous finissons par comprendre nous-mêmes, si nous l'étudions pendant quelque temps. Beaucoup d'espèces sociables, les flamands, les marmottes, posent un cordon de sentinelles; et, à la moindre menace de danger, celles-ci poussent un cri spécial, caractéristique et compris immédiatement de tous. Les corbeaux, les corneilles, les choucas s'appellent et se réunissent quand le besoin s'en présente, par exemple pour les migrations. Le cri du coq qui, ayant trouvé un grain, appelle à lui ses femelles, est si caractéristique, qu'il est compris de toutes les ménagères. Chez les singes réunis en groupe, les cercopithèques par exmple, le chef de la horde a soin de monter de temps en temps sur le sommet d'un arbre pour explorer les environs, et il communique par des cris gutturaux à ses associés le résultat de son examen. L'intonation et un son de voix, différents suivant le cas, tel est leur langage; et ces intonations variées sont suffisantes pour leur permettre d'échanger entre eux leurs impressions pour tout ce qui concerne les principaux actes de la vie.

Par suite d'une observation exacte et incessante, Dupont a trouvé que les poules et les pigeons ont douze sons de voix différents; les chiens en ont quinze, les chats quatorze, et les bêtes à cornes vingt-deux.

Les animaux savent également communiquer leurs pensées à l'homme, se faire comprendre de lui par des changements de tons dans l'émission de la voix. Les chiens savent très bien nous faire voir leurs désirs par des cris, des gestes, telle ou telle inflexion dans la voix : l'aboiement du chien qui menace n'est pas le même que celui qui exprime une caresse ; la joie, l'impatience sont exprimées par autant de cris différents.

Enfin les animaux, surtout ceux domestiqués, sont susceptibles de comprendre le langage humain, le sens des mots et même des phrases. Ainsi, les chiens comprennent leur maître, connaissent d'après l'intonation de la voix ses sentiments de bienveillance ou de colère. Le sens précis de certains mots fréquemment répétés ne leur est pas inconnu ; les chiens de chasse obéissent aux commandements et apprennent certains mots qui ont dès lors pour eux une signification et correspondent à une idée, à la même idée que nous, nous les avons appliqués : ainsi, les mots « cherche », « apporte ». Les éléphants d'Asie obéissent très bien au commandement, d'après des ordres verbaux et non des signes ; ils sont donc susceptibles d'apprendre quelques mots. Walter Scott, en parlant de son chien favori Camp, rapporte de lui cette anecdote : « Il lui était arrivé un jour de recevoir une correction infamante, pour avoir mordu un boulanger. Il n'entendait jamais parler de cette histoire sans manifester de la honte et se retirer dans un coin ; il reconnaissait le sujet, quel que fût le ton sur lequel on s'exprimât. » Francis Bückland fait le récit suivant : « Une femelle de singe, que j'élevais, venait de s'enfuir ; je la poursuivis, sans pouvoir l'atteindre, par-dessus les toits de plusieurs maisons. Il arriva que sa chaîne, qu'elle avait encore au cou, pendit devant une fenêtre. Sans faire un seul geste, je dis à une femme qui regardait à une fenêtre : Ayez l'obligeance d'étendre la main et d'attraper cette chaîne. Elle essaya de le faire ; mais Jenny, qui était plus vive qu'elle, la tire à elle par brassées, comme un marin qui hâle un câble; et la voilà partie de nouveau. Cette circonstance est curieuse, car j'avais pris soin de n'indiquer ni par gestes ni par signes mes intentions; je m'étais borné à la parole pure et simple. »

Enfin, tous les animaux comprennent leur nom et y répondent; c'est même la première chose qu'ils retiennent, c'est le premier mot qui ait pour eux une signification. C'est également la première expression que comprennent les enfants au maillot : c'est leur nom, leur appel.

Si nous passons aux espèces humaines inférieures, nous ne trouvons pas un langage différent de celui-ci; elles se communiquent leurs pensées, comme les animaux, par des cris, aidés surtout de la mimique : l'expression de la figure, des gestes et des cris, voilà toute la base de leur langage. Les Bojesmans augmentent leur langage de tant de signes, qu'ils ne sont pas intelligibles dans l'obscurité, et, quand ils désirent causer la nuit, ils sont obligés de se rassembler autour de leurs feux. Il en est de même des Arapahos de l'Amérique septentrionale. En outre, ces peuplades ont un vocabulaire tellement faible, qu'il n'existe pas de mots représentant les idées abstraites : ils désignent, par exemple, certains arbres par un nom spécifique, mais ils n'ont pas le mot « arbre ». De même, les Choctau ont des mots pour désigner le chêne noir, le chêne blanc; ils n'en ont pas pour dire « chêne, arbre ». Les Malais peuvent dire « rouge, bleu, gris, blanc »; ils n'ont pas de mot pour dire « couleur ». Les Coroados du Brésil n'ont pas de mots pour l'idée abstraite « plante, animal ». Les Tasmaniens manquent d'expressions pour dire : « justice, crime, faute, etc. » Bien des peuples n'ont pas non plus le verbe « être »; d'après Adam Smith, il manque dans le langage de tous les sauvages américains. « C'est, en effet, dit-il, le verbe le plus abstrait et le plus métaphysique de tous les verbes; il ne peut donc pas être d'une origine fort antique. » Les Bojesmans n'ont pas de noms propres et ne paraissent pas comprendre qu'il leur manque quelque chose pour pouvoir distinguer un individu d'un autre. Pline cite le même fait chez une race de l'Afrique septentrionale.

Prenons, d'un autre côté, comme exemple, l'alphabet aryen, celui qui a été le point de départ de nos langues aujourd'hui les plus riches : il est aussi pauvre que tel des alphabets de nos sauvages actuels. Dans la Nouvelle-Zélande, il manque douze de nos lettres : *b*, *c*, *d*, *f*, *g*, *j*, *l*, *q*, *s*, *v*, *y*, *z*. Les Hurons manquent des labiales *b*, *f*, *m*, *n*, *p*, *v*. Chez les Chinois manquent les lettres *r*, *b*, *d*, *v*, *z*. On sait quelle difficulté ont les enfants à prononcer certains sons; par exemple, ils confondent constamment *r* et *l*; aussi ces deux lettres manquent ou sont confondues dans l'alphabet des peuples primitifs, chez les insulaires des îles Sandwich, chez ceux des îles de Larroux, à Vanikoro, chez les Dammaras, aux îles Touka. Nous-mêmes, nous n'avons pas certaines lettres gutturales usitées chez les peuples méridionaux de la pointe d'Afrique.

Nous appuyant sur ces derniers faits que nous venons d'énumérer, voyons par quelles phases le langage a dû passer pour arriver à l'état où il est actuellement chez les peuples avancés en évolution. Le langage a un double but : 1° transmettre à d'autres êtres nos sensations intérieures, nos idées subjectives; 2° désigner les objets extérieurs.

Or ce second point a dû être le but primitif du langage : les idées nous viennent, en effet, des sens. Ceux-ci ont donc dû d'abord être influencés de différentes manières, pour que nous puissions avoir, par suite de la perception interne, les idées représentatives des objets extérieurs. Les idées générales, abstraites, subjectives, ne sont que la conséquence de celles qu'ont fait naître les sensations externes, par suite de la généralisation, de la comparaison de celles-ci. Il est donc vraisemblable que le langage servit d'abord à désigner les objets extérieurs; puis vint la transmission des idées subjectives. Celles-ci furent d'abord très simples : les premières impressions que l'homme dut éprouver furent des sentiments d'affection, d'amour ou de haine, de même que nous l'observons chez les animaux et chez l'enfant. Or la manière naturelle de traduire des idées de haine est la même chez tous les peuples, et l'on n'a pas besoin de savoir une langue pour les comprendre : ce sont des cris, des interjections, des expressions différentes dans la figure, et des gestes. Ce langage est le même partout; il est le premier chez l'enfant; et le même chez lui que chez les animaux; il est donc naturel ou plutôt primitif.

Quant aux sentiments d'amour, les premiers également qui se manifestent et se développent chez l'enfant, l'expression de ce sentiment est également la même chez tous les animaux et chez l'homme : il se manifeste primitivement par le chant, et la mimique expressive du plaisir. Le chant précède toujours le langage parlé chez l'enfant, et il existe chez tous les êtres ayant un laryux. L'enfant n'a besoin d'aucune éducation pour traduire ses sentiments gais et affectueux par le chant, tandis qu'il a besoin d'une instruction longue et minutieuse pour exprimer ses idées par des mots. En outre, au début de l'évolution humaine, l'homme anthropoïde n'avait à son service que l'expression mimique, et cet organe, dont il sut plus tard faire l'organe du langage, n'était pas encore assez souple, assez habitué à cette nouvelle fonction pour qu'il puisse en tirer des sons directement significatifs; et, comme les fonctions les plus faciles du larynx, celles qui dérivent de la constitution même de l'organe, sont le cri et le chant, ce sont donc ces deux sortes de langage que l'homme employa primitivement. Le chant lui servait, comme chez les animaux et chez bien des peuples sauvages et même civilisés, à charmer, à séduire, à transmettre ses sentiments affectueux à sa femelle.

Le langage fut donc et primitivement expressif : de même que les animaux supérieurs, l'homme sauvage exprima sa pensée par des signes, des gestes, et des expressions différentes de la figure : c'est ainsi que nous avons vu les Bojesmans ne pouvoir se comprendre entre eux qu'à l'aide de signes et de changements dans la physionomie. C'est absolument, d'ailleurs, ce que nous observons chez les animaux supérieurs, les anthropoïdes par exemple, qui ont les mêmes moyens d'expression naturelle. En effet, ceux-ci ayant les mêmes muscles de la face et innervés par les mêmes nerfs que chez l'homme, il est évident que la face, sous une expression nerveuse identique, prendra la même physionomie, par suite de la mise en jeu des mêmes muscles : ainsi, lorsqu'on chatouille un jeune chimpanzé, il articule un son joyeux ou un rire assez caractérisé, et sa face prend la même physionomie que celle d'un enfant qui rit : les coins de la bouche sont alors tirés en arrière, ce qui plisse un peu les paupières inférieures; le nez semble se raccourcir, par suite de l'élévation des joues et de la lèvre supérieure; et les incisives se découvrent. Un jeune chimpanzé, cité par Darwin, offrait, dans un accès de violente colère, une ressemblance curieuse avec un enfant dans la même situation d'esprit : il poussait des cris retentissants, la bouche largement ouverte, les lèvres rétractées, et les dents complètement découvertes; il lançait ses bras de tous côtés, et les réunissait quelquefois au-dessus de sa tête; il se roulait à terre, tantôt sur le dos, tantôt sur le ventre, et mordait tout ce qui se trouvait à sa portée.

Dans certains actes, la mimique se montre peut-être plus analogue encore entre l'homme et le singe. Houzeau cite ce fait; il s'agit d'une femelle de chimpanzé noir poursuivie : « Après qu'elle se vit découverte, elle resta sur l'arbre avec son jeune, suivant attentivement les mouvements du chasseur. Quand celui-ci la mit en joue, elle lui fit signe de la main de désister et de s'en aller, exactement comme une personne pourrait le faire. »

Le cri, l'émission de voix, ne vient que comme corollaire de la mimique. En effet, tout sentiment est, suivant l'expression d'Herbert Spencer, un stimulus incitateur d'une action musculaire. « De là les gestes après les mouvements de la face; de là aussi l'émission de la voix, mais comme prolongement, et comme contre-coup de ceux-ci. Une émotion violente provoque les premiers; l'émission de la voix ne vient qu'après; et ce sont aussi, mais secondairement, les émotions vives qui l'ont fait acquérir et l'ont révélée aux êtres comme moyen d'expression. La contraction du visage précède et entraîne la contraction du gosier, par suite de l'intime relation des centres psycho-moteurs de l'un et l'autre dans le cerveau. » (Zaborowski.) M. Ferrier a démontré, en effet, que l'existence des centres des mouvements des mâchoires, des lèvres et de la langue était à l'entour de la troisième circonvolution cérébrale gauche, qui est elle-même le siège de la faculté du langage. De là l'association naturelle et fatale entre les pensées et les expressions correspondantes de la physionomie, des gestes et de l'intonation.

Mais ces premiers cris, qui furent la base du langage, ne furent rien autre chose que des interjections, comme celles que poussent inconsciemment, et par suite de cette corrélation nerveuse, les animaux et l'homme, quand ils veulent exprimer la joie, la crainte, etc. — Les anthropoïdes et certaines peuplades sauvages semblent ne pas avoir dépassé ce degré de formation du langage.

Plus tard, ces cris devinrent imitatifs. En effet, pour désigner un objet, un animal quelconque, l'homme fut porté tout naturellement, comme l'est l'enfant, à désigner ces objets et ces animaux par le caractère qui l'avait le plus frappé chez eux : c'est ainsi qu'il dénomma les animaux par les mots imitatifs de leurs cris; mais, comme cette imitation est toujours imparfaite et dépend de l'impression plus ou moins réelle faite sur l'organe de l'ouïe, et dépendante de l'impressionnabilité personnelle, les mots servant à désigner les mêmes animaux varièrent suivant les races d'hommes : de là des sons multiples et différents pour exprimer la même chose. Comme exemples de mots imitatifs, tels sont le *pi! pi! tiët! tiët!* des Australiens pour désigner les poulets, le *kanter-kant* de Souabe pour les dindons, le *boaing* des Berbers Indous pour les brebis; le *maou*, chat, des Anglais; en zulu, *bubula* veut dire bourdonner; en français, les mots *aboyer*, *miauler* etc., ne sont que l'imitation des cris poussés par le chien, le chat. Nous pourrions encore citer les mots : *cliquetis*, *murmure*, *gazouiller*, *etc.*

La langue des peuples sauvages n'est composée que de ces noms imitatifs. N'ayant aucune idée combinée, ou réfléchie, générale ou abstraite, ils ne peuvent avoir aucun de ces termes si abondants dans nos langues actuelles, et c'est là ce qui rend leur langage si imagé.

Ce n'est que plus tard que les mots se multiplièrent, en prenant une signification détournée, par suite d'analogie. Quand les idées se développèrent, il fallut, pour les exprimer, se servir de mots appliqués aux objets physiques et détournés, par suite de leur signification primitive; en effet, tel mot, ayant à son origine un sens bien déterminé en ce qu'il représente un seul objet, arrive à la longue à avoir un sens très éloigné du premier, par suite de l'analogie de l'objet qu'il désignait primitivement avec un autre. Ces mots imitatifs ont servi de racines non seulement aux noms des êtres qui ont une existence réelle, mais encore aux noms de ceux qui n'ont qu'une existence abstraite, morale, métaphysique ; dans cette méthode, on a passé du propre au figuré, du visible à l'intellectuel, des images réelles et communes aux images allégoriques et raffinées. L'étymologie fait presque toujours retrouver le premier sens attaché au mot qui a été d'abord imitatif, c'est-à-dire que la cause de sa formation est dans la nature de l'objet qu'il désigne. Ainsi, le mot latin *fragor*, mot d'ailleurs imitatif, signifie bruit subit, éclatant ; en français, on en a fait frayeur, parce que la conséquence de ce bruit subit est d'intimider. De même, « le mot *flare* est un mot imitatif des choses fluides, d'où l'on a tiré le mot flatterie, qui est un souffle adoucissant; les paroles du flatteur coulent agréablement dans les oreilles de l'auditeur. Le mot coq, imitatif du chant de cet oiseau, a donné naissance au mot coquetterie, qui exprime le caractère d'une femme qui agace vingt amants en même temps, comme le fait un seul coq pour plusieurs poules. » (De Brosses.)

Le même mot sert à exprimer dans beaucoup de langues les chiffres et les mains, par suite de dérivation de son sens primitif. Beaucoup de peuples n'ont pas, en effet, de mot pour exprimer l'idée abstraite « nombre »; ils ne peuvent pas non plus compter au delà de quelques chiffres : ainsi, les Weddahs de Ceylan n'avaient aucun nom de nombre. Les Tasmaniens peuvent dire « un, deux » ; au delà de ce nombre, ils disent « beaucoup ». Les Bojesmans n'ont que ces deux noms de nombres qu'ils combinent entre eux. Or tous ces peuples emploient le même mot pour les nombres 1, 2, 3 que pour le mot « doigt, main ». Ils expriment l'idée deux par le mot « deux doigts » ; trois, par « trois doigts ». Cinq se dit « une main ». Les Australiens, peut-être un peu plus avancés en numération, expriment par le même procédé « dix » par « deux mains »; vingt, par le mot « homme », c'est-à-dire deux pieds et deux mains; pour six, ils disent « main finie et un doigt de l'autre main ». Au Labrador, « tallek », main, veut dire également cinq. Les Dammaras n'emploient aucun terme au delà de trois. Galton, qui les a étudiés, s'exprime ainsi à leur sujet : « Un jour que j'examinais près de moi un Dammara absolument perdu dans ses calculs, je vis à mon autre côté ma chienne Dinah également embarrassée. Elle examinait attentivement une demi-douzaine de petits chiens qu'elle venait de mettre bas et qui lui avaient été enlevés deux ou trois fois; son anxiété était excessive; car elle essayait de se rendre compte si tous étaient présents ou s'il en manquait encore. Elle était là, inquiète, les couvant du regard, sans pouvoir arriver à une solution; évidemment, elle voulait compter, mais le chiffre était trop élevé pour son intelligence. Or, considérant chien et Dammara, je dois dire que la comparaison faisait peu honneur à l'homme. »

Dans presque toutes les langues, il est un mot qui a son origine non plus dans un son imitatif, mais dans le premier cri que pousse inconsciemment l'enfant au maillot. Les syllabes « pa » et « ma » qui, en sanscrit, veulent dire, « pa » chérir, et « ma » produire, sont devenues les racines des mots pater et papa, mater et maman. Ces deux syllabes, pa et ma, se retrouvent avec cette signification dans l'idiome de toutes les langues où existent les deux mots « père et mère ». Ces syllabes, pa et ma, sont en effet des syllabes labiales, et par conséquent les plus faciles à prononcer.

Chez le sourd-muet, privé de la faculté d'entendre, de retenir un son et de transmettre l'idée que lui a fait naître ce son, il ne peut y avoir que le langage expressif, mais non imitatif et par suite significatif. Le même fait s'observe chez les animaux : pour qu'un animal apprenne à chanter, il faut qu'il soit avec d'autres animaux qui lui enseignent leurs airs. L'oiseau, par exemple, répète le chant qu'il entend, et celui-là seul. Si l'on enlève un chardonneret aussitôt, ou même deux ou trois jours après sa naissance, d'auprès de sa mère, et qu'on le fasse vivre uniquement avec un troglodyte, il prendra le chant de ce dernier ; de même on peut apprendre le chant de la linotte ou du bouvreuil à un moineau. D'après le professeur Willson, un louveteau allaité par une chienne sait aboyer. Il y a donc chez l'animal, comme chez l'homme, le besoin d'une éducation longue, l'assimilation de sons, et ce travail intellectuel par lequel il apprend qu'à tel son correspond telle idée.

On est donc en droit de conclure, d'après tous ces faits, que, de même que toutes les autres facultés ou fonctions, le langage s'est développé progressivement dans la série animale. D'abord pratiqué par des attouchements d'organes sensibles, chez les animaux privés de l'organe du langage, le larynx ; puis devenant expressif et accompagné de gestes et de cris, ou d'interjections chez les anthropoïdes, il resta longtemps à cet état primitif dans le genre humain. L'enfant reproduit parfaitement cette phase de développement : avant qu'il ait appris à former des mots, il se fait comprendre par des signes naturels, par la mimique et par quelques cris. C'est un caractère d'atavisme qui montre ce qu'a dû être le langage de nos ancêtres humains. Celui-ci se composa d'abord de signes et d'onomatopées; les sauvages n'ont pas encore dépassé ce degré. « Les sauvages, dit Tylor, possèdent à un haut degré la faculté d'exprimer directement leurs idées par des tons émotionnels et des interjections, faculté qui implique celle de reproduire les sons que leur font émettre certaines émotions. Ces tons émotionnels et ces interjections leur servent à traduire les idées et s'introduisent sous forme de mots dans la langue grammaticale. Ils possèdent donc éminemment le moyen et la faculté de créer le langage. » Plus tard, sous l'influence du travail, du progrès, les idées se multiplièrent; les mots, servant à les exprimer, augmentèrent de même, et la signification du même mot se multiplia. De la comparaison des faits et de leur généralisation naquit l'idée abstraite, progrès immense dans l'évolution intellectuelle et source de mots nouveaux et nombreux. Le langage, dès lors, existait semblable, quant à ses principes, à celui que nous employons aujourd'hui; et, quelque divers qu'il soit chez les différentes espèces humaines, l'origine et le mode de développement en sont les mêmes.

CHAPITRE IV

INTELLIGENCE ET INSTINCT

Nous avons vu que les principales facultés dont les spiritualistes veulent faire la caractéristique de l'homme sont communes aux autres animaux; que la faculté du langage et de la religiosité existe à l'état fœtal chez eux.

Il nous reste peu à faire pour démontrer que l'intelligence — qui est l'ensemble des facultés – se trouve également à des degrés différents chez tous les animaux doués d'un système nerveux central.

Mais il est utile de s'entendre auparavant sur le sens précis du mot instinct.

L'instinct existe, mais non dans un sens aussi général que celui que comprend Milne Edwards, quand il dit : « Le caractère qui distingue surtout les actions instinctives de celles que l'on peut appeler intelligentes ou rationnelles, c'est de n'être pas le résultat de l'imitation ou de l'expérience et d'être exécutées toujours de la même manière. »

Il faut de beaucoup restreindre la signification de ce mot.

Les actes *essentiellement* instinctifs sont les mêmes chez l'homme et l'animal. Mais ils se réduisent à deux : la conservation de l'individu et la reproduction. Tout être vivant possède ces facultés inconscientes et impératives. Ce sont deux forces impulsives, inhérentes à toute matière organisée, auxquelles nul ne peut se soustraire. Se conserver et se reproduire, telles sont les deux grandes lois de la nature, lois qui sont fatales et nécessaires, car sans elles l'animal ne pourrait pas être. C'est vers l'accomplissement de ces lois que tout converge, et c'est le but unique du travail et des efforts de tout individu.

Il est bon, toutefois, d'ajouter une observation à cette règle universelle : l'animal, subissant cette conséquence de son organisation, ces instincts, ne cherche pas à les maîtriser ; il y obéit aveuglément ; toutes ses facultés intellectuelles sont mises en jeu à toute heure de la vie, pour atteindre son double but ; ses pensées, ses recherches, son raisonnement sont tendues vers ce point. L'homme, au contraire, par suite de l'état social qu'il s'est imposé, des sujétions auxquelles la société l'a condamné, emploie souvent cette même intelligence, ce même raisonnement à corriger ses instincts, qu'il appelle alors simplement des penchants, et il remplace une loi naturelle par une loi ou convention humaine et par conséquent factice. Je parle là de l'homme civilisé : la grande différence entre ce dernier et l'homme sauvage est que, tandis que chez l'homme primitif la nature seule parle et lui impose ses lois, l'homme civilisé, qui est obligé, par suite de sa condition sociale, de s'imposer des lois faites par lui, est contraint de faire taire ses instincts et de les remplacer par les idées acquises qui n'ont leur raison d'être que dans l'utilité sociale.

En dehors de ces deux instincts, conservation et reproduction, il n'y a plus à proprement parler d'actesinsti nctifs. Tous démontrent de l'observation, de l'imitation et par conséquent du raisonnement. Un acte quelconque d'un animal montre la même qualité de raisonnement, sinon la même quantité que chez l'homme. D'abord, il faut tenir compte essentiellement de la transmission héréditaire. De même, en effet, que nous transmettons à nos descendants nos propriétés physiques, que le fils ressemble au père ou à ses ascendants, de même nous leur transmettons aussi nos propriétés morales ou psychiques. Il est évident que, s'il est démontré que tel père à cerveau volumineux engendre un fils ayant cette particularité, il devra également lui transmettre les propriétés ou facultés inhérentes à cet organe; et que sont, dans l'espèce, ces propriétés, si ce ne sont les idées, ou tout au moins la tendance au développement de ces idées vers tel ou tel sens? Or un être quelconque, ayant passé sa vie entière à la même opération intellectuelle, aura développé la circonvolution ou la partie du cerveau qui est le siège de cette pensée. Il est donc naturel que cette partie sera également développée chez le descendant, et que la même pensée ou faculté se développera plus accentuée chez lui que chez un autre. C'est pourquoi, quand nous voyons les idées d'un enfant se développer vers tel ou tel but, sans causes apparentes, sans études préliminaires, nous pouvons affirmer que c'est grâce au développement spécial de telle partie du cerveau, développement qu'il a acquis par suite de la descendance paternelle, de même qu'un père à foie volumineux engendrera un fils à foie également volumineux. Ce fait d'hérédité, de transmission des propriétés du père au fils, est démontré tous les jours par les éleveurs, qui peuvent, de la sorte, perfectionner telle ou telle race par le croisement des individus exceptionnellement robustes avec des femelles également choisies. Tel cheval, ayant gagné un prix de course, sera vendu très cher, parce que ses descendants jouiront de la même perfection des organes qu'on a remarqués en lui.

Quand il s'agit d'un animal faisant tel acte, avant l'éducation nécessaire pour l'accomplissement *réfléchi* de cet acte, nous disons : Voilà de l'instinct. Que si, au contraire, c'est l'homme qui, sans aucune éducation, montre une disposition extraordinaire à son âge, pour la peinture, la musique, etc., nous appelons ces qualités des penchants et dans quelques cas des vocations : c'est cependant absolument la même chose. Chez l'un comme chez l'autre, cet instinct ou cette qualité, ce penchant inné, ne sont que le résultat de la transmission héréditaire.

Je crois qu'on peut définir l'instinct : une habitude transmise héréditairement, acquise par chaque espèce animale à force d'essais et de temps, pour la meilleure manière de vivre.

Au fur et à mesure que les animaux apparaissaient sur la terre, ils ont dû chercher à adapter leur manière de vivre au milieu dans lequel ils se trouvaient. Prenons comme exemple la nidification : ceux-là seuls qui arrivaient par des essais successifs à un certain degré de perfectionnement avaient des chances de vivre, et par conséquent eux seuls transmettaient leur expérience acquise à leur descendance. Tous ceux qui s'éloignaient de cette manière de vivre étaient condamnés à périr. Ainsi, quand le saurien s'est transformé en oiseau, celui-là seul avait des chances de résister dans la lutte pour la vie, qui construisait un nid où il pouvait se dérober aux regards de ses ennemis ; ceux, au contraire, qui ne construisaient pas de nids, ou qui les faisaient dans de mauvaises conditions, avaient des chances d'être détruits, eux et leurs œufs. Les premiers, par conséquent, qui, soit grâce aux matériaux qu'ils employaient, soit grâce à la manière de les utiliser, purent se perfectionner dans l'art de la nidification, furent les seuls qui survécurent. Par suite, leurs descendants naquirent avec cette connaissance de la construction des nids, ou tout au moins avec une tendance vers cet acte qui avait été l'occupation unique de toute la vie de leurs parents. Ils le perfectionnèrent encore, et, par suite de transmissions héréditaires, ils arrivèrent à une nidification parfaite, qui leur assura les moyens d'exister.

Dans une espèce donnée, la nidification n'est pas toujours et invariablement la même, et chaque individu la varie suivant ses nouveaux besoins et le changement du milieu dans lequel il vit. Ainsi, le Xanthorius varius des États-Unis fait son nid plat, quand il l'établit sur des branches fortes et raides; il le fait, au contraire, profond quand les branches sont faibles, de peur que le vent, les agitant, ne fasse tomber les œufs ou les petits. Le troglodyte d'Amérique se sert des boites qu'il peut trouver et qu'il transforme en nids. Dans les contrées du Midi, les nids sont faits plus légèrement, et de substance plus poreuse. Le moineau ordinaire fait un nid bien construit et couvert, quand il l'établit sur un arbre; quand, au contraire, il utilise un trou dans une maison, il se contente d'y ajouter quelques brins de bois grossièrement taillés (Wallace). Les nids d'hirondelles, suivant M. Pouchet, se sont modifiés en même temps que les constructions sur lesquelles elles les établissaient. Ainsi donc, dans leur mode de construction des nids, les oiseaux emploient toujours les matériaux qui sont à leur disposition et savent très bien les varier, suivant que la nature fournit tels ou tels.

Il y a donc, en outre des connaissances héréditaires, un travail intellectuel propre à chaque individu de l'espèce, pour modifier et perfectionner ces connaissances, suivant ses besoins.

Prenons un autre exemple d'un acte regardé comme dû uniquement à l'instinct : l'arrêt du chien de chasse. Et voyons comment et pourquoi le chien prend cette position caractéristique et si connue des chasseurs, et s'il y a, dans l'accomplissement de cet acte, le résultat d'un raisonnement, ou s'il agit ainsi sans raison. Avant d'être soumis à la domestication, le chien, vivant à l'état sauvage, devait pourvoir seul à sa subsistance, en chassant pour son propre compte. Or, pour surprendre sa proie et s'élancer sur elle, quels sont les mouvements et les attitudes les plus avantageux au chien pour arriver à ce résultat? Les membres sont fléchis, de manière à être prêts à se détendre pour chasser le corps en avant ; le membre postérieur seul donnant l'impulsion dans la course, celui-ci doit être dans une demi-flexion, et l'extension brusque agit à la manière d'un ressort qui se détend. Dans le membre antérieur, au contraire, une patte est levée, de manière qu'il y ait le moins de mouvements à faire pour être allongée en avant. En même temps, la queue est immobile, de peur du bruit qu'elle pourrait faire en agitant des feuilles ou des branches d'arbuste. Le cou est allongé, la tête droite et tendue en avant, pour voir aussi loin que possible, sans avancer : c'est d'ailleurs la position de l'homme aux aguets. Si nous fixons pour quelques instants l'animal dans cette position, qui est la plus commode pour se précipiter sur sa proie, nous aurons l'attitude du chien au moment de l'arrêt. Cette position est forcément et toujours la même chez tous les animaux chasseurs, qui cherchent à s'emparer des proies par surprise. Il est donc naturel que ceux qui l'ont acquise par expérience soient les seuls qui aient eu des chances de se procurer des proies et par conséquent de vivre ; ils ont transmis ces habitudes par hérédité à leurs enfants. Ceux-ci, toutefois, malgré cette tendance native, ont encore besoin d'une certaine éducation pour arriver à l'état parfait; aussi les parents sont-ils obligés, pendant le temps de cette éducation, de pourvoir à leur subsistance.

L'animal a donc, par suite de transmission héréditaire, et de l'expérience acquise par les parents, de la tendance à agir dans tel ou tel sens, mais il lui faut encore une longue pratique, et en même temps des leçons données par le père ou la mère, qui ont acquis une connaissance suffisante de la chose. Dans les actes dits instinctifs, il y a, outre l'imitation, un raisonnement propre. C'est ainsi que l'on observe tous les jours les oiseaux donner à leurs petits des leçons de vol, en les attirant sur le rebord du nid et en leur apprenant à déployer leurs ailes; ils ont eux-mêmes tellement peu de confiance en leurs connaissances qu'ils veillent sur leurs premiers ébats et ne les quittent que quand leur instruction est suffisante. Le chant des oiseaux ne s'apprend qu'après une longue instruction où le jeune s'étudie à répéter, à imiter le chant des parents : ce qui le prouve bien, c'est que, si l'on enlève un chardonneret deux ou trois jours après sa naissance d'auprès de sa mère, et qu'on le fasse vivre uniquement auprès d'un troglodyte, c'est le chant de ce dernier qu'il imitera et non celui de son espèce; de même, on peut apprendre le chant de la linotte et du bouvreuil à un moineau; un louveteau élevé par un chien prendra son aboiement, etc. Le chant des oiseaux est, comme le langage de l'homme, le résultat d'une éducation. De même, pour la nidification, le jeune, élevé dans tel nid, étudie forcément la nature de la demeure dans laquelle il est, et il construit un nid pareil à celui qu'il a vu.

Les ruses employées par le gibier font juger jusqu'où peuvent aller le raisonnement et l'imagination de certains animaux. Tous les chasseurs savent combien sont nombreux les stratagèmes employés par le vieux gibier; ils reconnaissent s'ils ont affaire à un jeune ou à un vieux lièvre ; ce dernier ajoute à ses connaissances héréditaires son expérience propre : le jeune est naïf, se sauve sans avoir recours à ces mille crochets que fait un vieux et que celui-ci a eu l'idée de faire pour dépister les chiens. Il y a donc eu, de la part de cet animal, un raisonnement suivi et montrant un esprit de déduction. De même, en France et dans les climats tempérés, les perdrix ne perchent jamais; dans les pays chauds, au contraire, où la radiation est considérable et où, dans quelques-uns, ils ont à craindre les surprises de leurs ennemis, pendant la nuit, ils dorment sur les branches d'arbre. On ne peut nier, de bonne foi, que cet oiseau, qui modifie son habitude de vivre suivant les endroits où il se trouve, ne fasse preuve de jugement.

L'action la plus insignifiante en apparence d'un animal dénote du raisonnement : le fait seul de se souvenir dénote la pensée, la réflexion, la déduction et l'induction. Or personne ne peut nier la mémoire aux animaux : ainsi, le cheval refuse souvent de passer dans un endroit où, plusieurs années auparavant quelquefois, il a eu peur. Dans ce simple refus, il y a tout un raisonnement, rapide peut-être, incomplet même, mais réel cependant : il songe que, dans cet endroit, il a eu peur, qu'il a été frappé; donc, en arrivant dans le même lieu, il suppose que, les mêmes causes existant, il sera de nouveau frappé; il déduit d'un premier fait un second. Donc il raisonne, donc il pense.

Qui songerait à soutenir que le chien, qui a le sens olfactif tellement développé qu'il nous surprend, que l'oiseau de proie apercevant à des hauteurs vertigineuses un oiseau sur lequel il fond et que nous, nous ne pouvons distinguer qu'à quelques pas, qui songerait à accorder à ces animaux une faculté nouvelle et qui nous manquerait? Nous avons, comme eux, la faculté de l'olfaction et de la vision, mais à un degré tel qu'elle n'est pas comparable à celle de ces animaux; chez nous, elle s'est atrophiée, ou elle ne s'est pas développée complètement. Il en est de même de l'intelligence chez ces animaux. Pourquoi leur nier la faculté de la pensée, parce qu'elle est moins développée que chez nous? L'oiseau de proie, à la vue si perçante, est aussi bien en droit de nous contester le sens de la vision que nous, nous pouvons lui contester la pensée : il y a pour ces deux facultés une égale distance entre les degrés de perfectionnement.

Nous pouvons, par l'exercice, par le travail et un usage continu, développer telle ou telle faculté. L'homme, qui a cherché à remplacer, dans la lutte pour l'existence, la perfection des organes physiques par la ruse ou l'intelligence, a laissé les autres sens dans un état stationnaire et presque embryonnaire. Mais si nous étudions, au contraire, l'homme primitif ou sauvage chez lequel l'intelligence, peu développée, n'a pas encore suppléé à la force physique, nous voyons ces sens de la vue, du tact, de l'olfaction, arrivés, par la sélection et l'usage, à un tel degré de perfectionnement que nous traitons certains de leurs actes d'instinctifs, toujours par la même raison, parce que nous ne pouvons plus y arriver. Regardez l'Indien à la piste d'un homme, trouvant dans l'empreinte d'un pied, dans un détail d'observation, tous ses renseignements avec une précision telle que nous le comparons volontiers à un chien suivant la piste d'un lièvre. Cet Indien a dirigé tous ses efforts vers la perfectibilté de ses sens physiques, et il est arrivé, sous ce rapport, au même résultat que l'homme civilisé pour l'intelligence. On peut établir le même parallèle entre le chien de chasse et le chien de salon, le bichon : chez ce dernier, domestiqué comme le chien d'arrêt, nous avons cherché à développer un organe, celui de la pensée, de la compréhension, et nous avons délaissé les autres comme inutiles, et ils se sont atrophiés ; chez le bichon, l'intelligence se développe à un point surprenant, au point qu'il comprend nos gestes, notre langage, nos intentions ; mais, en revanche, le sens de l'olfaction s'est atrophié. Nous avons fait pour lui ce que nous avons fait pour nous-mêmes : nous avons dirigé toute la sélection sur un seul organe, qui s'est développé au détriment des autres.

Si l'on objecte qu'un acte est instinctif, parce qu'il est répété toujours de la même manière, chez certaines espèces, nous pourrions répondre que, dans certains cas, il est accompli sans modification par les descendants, parce que ceux-ci ont profité de leurs connaissances héréditaires sans chercher à les perfectionner, parce que leurs efforts intellectuels ont été dirigés dans un autre sens : ainsi, dans le genre humain, les peuples sauvages, dont la grande préoccupation est toujours la même, la recherche de la nourriture, ont à peine modifié, depuis qu'ils existent, leurs moyens de construction ; les Arabes construisent leurs tentes de la même manière et avec les mêmes matériaux qu'il y a 2000 ou 3000 ans. Les Eskimaux font toujours leurs huttes sur le même modèle. Les villages de boue d'Egypte ne se sont pas modifiés depuis qu'on les connaît. Les tribus d'Amérique construisent des huttes en palmier toutes uniformes, etc. Mais, si l'on donne à ces mêmes peuples des moyens faciles d'existence, et que leurs moyens intellectuels puissent se diriger sur un autre objectif que celui de la nourriture, alors ils pourront s'occuper à modifier leurs maisons et leur manière de vivre. Mais, jusqu'à présent, occupés uniquement de la lutte pour l'existence, ils ne font qu'employer, pour leurs constructions, les matériaux fournis par la nature, et les plus aptes et les plus commodes à cette adaptation. Ils n'enseignent à leurs descendants que la chasse, la guerre, et ils ne se préoccupent pas de ces raffinements de civilisation. Les descendants imitent servilement leurs parents dans la construction de leurs tentes, comme le fait l'oiseau pour son nid, en ne cherchant à les modifier que quand le besoin ou les conditions extérieures changent. Mais enlevez-les à ce milieu, à ce genre précaire et difficile d'existence, et nul doute qu'ils ne deviennent ce que sont devenus les autres peuples. Ils développeront leurs pensées vers des buts multiples. De même, le chien, à l'état sauvage, développe uniquement les facultés qui lui sont nécessaires pour chercher sa nourriture; et, quand il est domestiqué, que sa nourriture lui est assurée, il laisse certaines facultés s'atrophier, comme étant inutiles, et d'autres se développer, comme nous l'avons vu pour le bichon.

Les mêmes actes, exécutés par les individus d'une même espèce, ont été regardés comme le résultat de l'instinct chez les animaux et du raisonnement chez l'homme. Prenons comme exemple le pigeon voyageur. Si, enlevant un de ces oiseaux à l'endroit où il a été élevé et le transportant à une distance relativement très grande, on lui rend ensuite la liberté, on le voit s'élever rapidement à de grandes hauteurs, puis il se tourne sur lui-même, regarde l'horizon de tous côtés, et, sûr enfin de sa direction, il part en ligne droite vers son ancienne demeure. Voyons maintenant et parallèlement comment agit, dans les mêmes conditions, un Indien, par exemple : celui-ci trouve son chemin à travers une forêt qu'il n'aura jamais traversée auparavant, tandis que tel Français serait incapable d'en sortir. Cette façon dont l'Indien s'oriente et sait retrouver sa direction est tellement ingénieuse, curieuse, extraordinaire pour nous, que beaucoup de voyageurs n'ont pas hésité à ranger cette faculté, analogue à celle du pigeon messager, sous le nom d'instinct. Mais réfléchissons que cet Indien est élevé dans des cabanes construites en pleine forêt, où il n'y a nul sentier, nulle route pour diriger ses pas, que dès sa plus tendre enfance il a dû chercher à s'orienter pour retrouver la direction de cette cabane, que le moindre indice, insignifiant pour nous, est précieux pour lui; que la direction du vol des oiseaux, la production de telle ou telle mousse sur un certain côté d'un arbre, etc., lui sont des données certaines. Son instinct se réduit à de l'observation et de la mémoire. C'est tellement vrai que, si nous transportons ce même Indien dans une forêt dont la végétation est toute différente et dans un climat nouveau, le fruit de ses observations sera perdu ; il ne saura plus s'en servir, il ne se retrouvera plus. Le phénomène d'orientation est le même chez lui que chez le pigeon : c'est le résultat d'une étude constante des moindres incidents de la nature, qui nous échappent, faute d'attention. De même que l'Indien, le pigeon transporté sous un climat différent, à une distance trop considérable, dans des conditions où ses connaissances ne peuvent lui servir, par suite de la nouveauté pour lui du lieu où il a été transporté, ne pourra plus s'orienter et retrouver son pigeonnier.

Cette analogie entre l'homme sauvage et l'animal pourrait être poursuivie bien loin : je me contenterai de citer quelques faits : à l'état sauvage, l'homme emploie les mêmes modes de défense que les animaux, ceux qu'il trouve naturellement à sa disposition, et ne demandant de sa part qu'un faible exercice intellectuel; comme certains singes anthropoïdes, il s'arme de bâtons, de pierres; ce n'est que plus tard qu'il modifie et perfectionne ces armes. Est-ce donc par suite d'actes instinctifs que les hommes ont laissé, sur tous les coins de la terre, les mêmes traces de leur passage, traces qui sont des silex, d'abord bruts, puis taillés; qu'ils ont eu, au début, la même industrie, la même agriculture? Ces hommes n'ont fait, comme le font les animaux, qu'utiliser les ressources que leur fournissait, sans travail, la nature. De même, dans leurs constructions, ils agissaient, au début, comme l'oiseau pour son nid : ils se servaient des matériaux qu'ils trouvaient naturellement chez eux; et, comme les jeunes oiseaux, pour l'édification de leurs nids, ils cherchaient à imiter les premiers objets qui frappaient leurs yeux, tout en adaptant leurs constructions à la meilleure manière de vivre. C'est ainsi, et par suite de l'imitation de la nature et d'un séjour prolongé dans un pays boisé, que la race civilisée qui conquit l'Égypte fit des constructions à colonnes, car, selon l'observation de Wallace, c'est dans un pays de forêts, où le bois est abondant, que l'idée de l'architecture à colonnes dut prendre naissance, car l'idée de colonnes n'est venue que de la vue d'arbres. En outre, les cabanes faites par des feuillages et des branches entrecroisées, et auxquelles des troncs d'arbre servent de support à la construction, ont donné l'idée des temples à colonnes dont le dôme rappelle l'abri supérieur de la cabane.

La grande loi de l'évolution naturelle se montre invariable dans le domaine psychique comme dans le domaine organique. Chez l'animal à système nerveux peu développé se montrent presque uniquement les actes de la vie végétative ; puis, après un certain développement, et surtout la spécialisation des organes physiques, la sélection perfectionne l'organe de la pensée ; et la vie intellectuelle prédomine. Mais l'homme sauvage, type intermédiaire, n'est encore guère plus avancé que bien des animaux, sous ce rapport, au point de vue de ses penchants, de ses goûts et de sa manière de vivre. Quels que soient nos progrès, quelque orgueil que nous ayons le droit d'en avoir, nous ne devons pas perdre de vue notre point de départ, qu'un peu d'observation nous fait facilement retrouver.

Et maintenant plus que jamais, alors que les connaissances scientifiques ont remplacé les croyances révélées, nous ne pouvons qu'admirer le sens profond et philosophique de ces mots du « sage des sages », de Salomon, quand il disait, près d'un siècle avant Jésus-Christ (Ecclésiaste, chap. VIII, 8, 5, 19, 20) : « Le sort des enfants de l'homme est le sort des animaux; les uns meurent, les autres meurent aussi. Tous vont à la même place; tous sont poussière et retourneront en poussière. Ils n'ont tous qu'un même souffle, en sorte que l'homme n'a pas de privilège au-dessus de l'animal. »

FIN

TABLE DES MATIÈRES

Coulommiers. — Typographie PAUL BRODARD.

BIBLIOTHÈQUE DE PHILOSOPHIE CONTEMPORAINE

FORMAT IN-8

Volumes à 5 fr., 7 fr. 50 et 10 fr. Cart., 1 fr. en plus par vol. ; reliure, 2 fr.

Jules Barni.

La morale dans la démocratie. 1 vol. in-8. 5 fr.

Agassiz.

De l'espèce et des classifications, traduit de l'anglais par M. Vogeli. 1 vol. in-8. 5 fr.

Stuart Mill.

La philosophie de Hamilton, traduit de l'anglais par M. Cazelles. 1 vol. in-8. 10 fr.

Mes mémoires. Histoire de ma vie et de mes idées, traduit de l'anglais par M. E. Cazelles. 1 vol. in-8. 5 fr.

Système de logique déductive et inductive. Exposé des principes de la preuve et des méthodes de recherche scient., trad. de l'anglais par M. L. Peisse. 2 vol. in-8. 20 fr.

Essais sur la religion, traduits de l'anglais par M. E. Cazelles. 1 vol. in-8. 5 fr.

De Quatrefages.

Ch. Darwin et ses précurseurs français. 1 vol. in-8. 5 fr.

Herbert Spencer.

Les premiers principes. 1 fort vol. in-8, traduit de l'anglais par M. Cazelles. 10 fr.

Principes de psychologie, traduit de l'anglais par MM. Ribot et Espinas. 2 vol. 20 fr.

Principes de biologie, traduit par M. Cazelles. 2 vol. in-8. 1878. 20 fr.

Principes de sociologie, traduit par MM. Cazelles et Gerschel. 2 vol. in-8. 17 fr. 50

Essais sur le progrès, traduit de l'anglais par M. Burdeau. 1 vol. in-8. 1877. 7 fr. 50

Essais de politique. 1 vol. in-8, traduit par M. Burdeau. 1878. 7 fr. 50

Essais scientifiques. 1 vol. in-8, traduit par M. Burdeau. 1879. 7 fr. 50

De l'éducation physique, intellectuelle et morale. 1 vol. in-8. 2e édition, 1879. 5 fr.

Introduction à la science sociale. 1 vol. in-8. 5e édition. 6 fr.

Classification des sciences. 1 vol. in-18. 2 fr. 50

Les bases de la morale évolutionniste. 1 vol. in-8. 6 fr.

Auguste Laugel.

Les problèmes (Problèmes de la nature, problèmes de la vie, problèmes de l'âme). 1 fort vol. in-8. 7 fr. 50

Émile Saigey.

Les sciences au XVIIIe siècle, la physique de Voltaire. 1 vol. 5 fr.

Paul Janet.

Histoire de la science politique dans ses rapports avec la morale, 2e éd. 2 vol. 20 fr.

Les causes finales. 1 vol. in-8. 1876. 10 fr.

Th. Ribot.

De l'hérédité. 1 vol. 10 fr.

La psychologie anglaise contemporaine (école exper.). 1 vol. in-8. 2e éd. 1875. 7 fr. 50

La psychologie allemande contemporaine (école exper.). 1 vol. in-8. 1879. 7 fr. 50

Henri Ritter.

Histoire de la philosophie moderne, traduction française, précédée d'une introduction par M. P. Challemel-Lacour. 3 vol. 20 fr.

Alf. Fouillée.

La liberté et le déterminisme. 1 vol. 7 fr. 50

De Laveleye.

De la propriété et de ses formes primitives. 1 vol. in-8. 2e édit. 1877. 7 fr. 50

Bain.

La logique déductive et inductive, traduit de l'anglais par M. Compayré. 2 vol. 20 fr.

Les sens et l'intelligence. 1 vol. in-8, traduit de l'anglais par M. Cazelles. 10 fr.

L'esprit et le corps. 1 vol. in-8. 3e édit. 6 fr.

La science de l'éducation. 1 vol. in-8. 2e éd. 6 fr.

Matthew Arnold.

La crise religieuse. 1 vol. in-8. 1876. 7 fr. 50

Bardoux.

Les légistes et leur influence sur la société française. 1 vol. in-8. 1877. 5 fr.

Hartmann (E. de).

La philosophie de l'inconscient, traduit de l'allemand par M. D. Nolen, avec une préface de l'auteur écrite pour l'édition française. 2 vol. in-8. 1877. 20 fr.

Espinas (Alf.).

Des sociétés animales. 1 vol. in-8, 2e éd., précédée d'une Introduction sur l'histoire de la sociologie. 1878. 7 fr. 50

Flint.

La philosophie de l'histoire en France, traduit de l'anglais par M. Ludovic Carrau. 1 vol. in-8. 1878. 7 fr. 50

La philosophie de l'histoire en Allemagne, traduit de l'anglais par M. Ludovic Carrau. 1 vol. in-8. 1878. 7 fr. 50

Liard.

La science positive et la métaphysique. 1 vol. in-8. 7 fr. 50

Guyau.

La morale anglaise contemporaine. 1 vol. in-8. 7 fr. 50

Huxley.

Hume, sa vie, sa philosophie, traduit de l'anglais avec préface par M. G. Compayré. 1 vol. in-8. 5 fr.

E. Naville.

La logique de l'hypothèse. 1 vol. in-8. 1880. 5 fr.

E. Vacherot.

Essais de philosophie critique. 1 vol. in-8. 1864. 7 fr. 50

La religion. 1 vol. in-8. 1869. 7 fr. 50

H. Marion.

De la solidarité morale. 1 vol. in-8. 1880. 5 fr.

E. Colsenet.

La vie inconsciente de l'esprit. 1 vol. in-8. 1880. 5 fr.

Schopenhauer.

Aphorismes sur la sagesse dans la vie. 1 vol. in-8, traduit par M. J.-A. Cantacuzène. 5 fr.

Bertrand.

L'aperception du corps humain par la conscience. 1 vol. in-8°. 5 fr.

V. Egger.

La Parole intérieure, 1 vol. in-8°. 5 fr.

COULOMMIERS. — TYPOG. PAUL BRODARD.

www.ingramcontent.com/pod-product-compliance
Ingram Content Group UK Ltd.
Pitfield, Milton Keynes, MK11 3LW, UK
UKHW021046230726
13926UKWH00004B/1671